在此"续篇"面世之际，特别要感谢画家徐晓东先生百忙之中给此书创作了多幅插图，为此书的视觉享受增添了丰富多彩的效果，让人拍案叫绝。

　　在此还要感谢《THE WATCH》杂志提供的精美手表写真照片，使此书图文并茂，阅读欣赏各益。

　　最后还要衷心感谢钟龄瑶小姐及参加编辑此书的全体工作人员的努力与心血，为此书能顺利出版功不可没。

赵　聪◎著

Random
Talks on
Watch
A Sequel

手表杂谈（续篇）

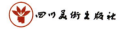

四川美术出版社

图书在版编目（CIP）数据

手表杂谈：续篇／赵聪著．—成都：四川美术出
版社，2017.7
ISBN 978-7-5410-7523-0

Ⅰ．①手… Ⅱ．①赵… Ⅲ．①手表－鉴赏－世界
Ⅳ．①TH714.52

中国版本图书馆CIP数据核字（2017）第175680号

手表杂谈 续篇
SHOUBIAO ZATAN XUPIAN

赵聪／著

出 品 人	马晓峰
策 划	余其敏
责任编辑	倪 瑶
责任印制	黎 伟
校 对	邓 路 曾 平
装帧设计	喻 遥
出版发行	四川美术出版社
地 址	成都市锦江区金石路239号
成品尺寸	142mm×210mm
印 张	8
字 数	160千
制 作	四川胜翔数码印务设计有限公司
印 刷	四川福润印务有限责任公司
版 次	2017年10月第1版
印 次	2017年10月第1次印刷
书 号	ISBN 978-7-5410-7523-0
定 价	86.00元

他序：真知灼见真"表"情

与赵聪先生相识是在2008年，当时举世瞩目的奥运会在北京举办，同年北京手表厂也迎来50周岁的生日，对于这样一个老牌国产表厂的知天命之年，自然要庆祝一番，就在当时的庆生宴会上，我认识了赵聪先生，一位身居海外的钟表收藏家，却一心惦念着祖国的钟表业。赵先生早年在北京工作，祖父曾任云南陆军讲武堂的校长，因为这个情结，赵家曾经将祖父的金怀表捐赠给云南陆军讲武堂，以示纪念。李白曰："光阴者，百代之过客。"意指时间的流逝谁也拦不住，然而记录时间的钟表却能够使人停留在某个断路，即便故人已去，但随身携带的钟表依然记录着佩戴者的风采。

　　赵聪先生就是一个能够将时间定格在某处，而让钟表故事继续的收藏家。2012年他已经出版了《手表杂谈》一书，图文并茂地讲述了钟表的林林总总，虽为杂谈，但都是与自身经历相关的事情，尤其一篇名为《表要准时　人要守时》的文章更是脍炙人口，人、表与时间的关系互动起来。近闻赵聪先生又要出第二本书，可谓喜上加喜，如果说上一本书的内容更加个人化，如今这本书则更加系统化，显示了一个收藏家从收藏到研究的功底。真心希望更多的读者关注此书，能够读出真"表"情！

　　常伟，字钟时，号晋溪。时计堂创办人，日内瓦钟表大奖赛中国评委、北京收藏家协会相机钟表专业委员会副主任、钟表文化学者及鉴藏者，著有《钟表收藏知识30讲》《中国与钟表》《名表名鉴》《播威与中国》等专著。

目
Contents
录

目
Contents
录

自序：人生交叉点

　　"我们都是来自五湖四海，为了一个共同的目标走到一起来了。"不论这句话是哪个人说的，我都认为人与人之间，无论你在地球的什么角落，都有可能因为兴趣相投或爱好相似，或者为了达到同一个目的或目标而相聚相识。我就是在一群朋友为了一个"共同的目标"走到一起来的一次饭局中荣幸地认识了龙家祥先生。

　　龙先生和我同年出生，都是年过半百的人，但在手表这个领域中我一定要称龙先生为"前辈"！和他接触多了发现他的经历、他的资历、他的阅历是那样的丰富与厚实，让我非常敬佩！和他谈天说地有种相见恨晚的感觉，非常投缘。在相互谈到对手表的一些观点时，又有那么多的共鸣并愿与其共享，和他聊天受益良多！

　　我年轻时热爱体育运动，一直想在体育运动方面能学有所成，并以此作为今后的终身职业。但是后来想不到只做了一年的中学体育教师，却在投资行业一干就是二十多年。而龙先生是学生物化学的，是一位资深的药剂师。业余爱好又丰富多彩：赛车、网球还有桥牌样样精通，尤其对手表更是情有独钟。龙先生对手腕上的这个小机器，里里外外都有着相当深厚的研究与造诣，对国内外的制表行业更是了如指掌。除了敬佩之外，我更加羡慕的是他能将此爱好变成自己的职业，这是多少人梦寐以求的事，因为一个能将自己的爱好变成自己的职业的人是多么幸运！这应该说是人生中最快乐的事！我常讲"生命不在于运动，生命在于快乐！"快乐的人是

Random Talks on Watch : A Sequel

会长寿的，龙先生最大的愿望是像陈主教一样工作到77岁，我认为他绝对能像邵老板那样工作到90岁以上！但无论工作也好，休息也好，永远快乐才是最重要的！

在龙先生主持的手表杂志上写点东西是我的荣幸！自己喜爱手表，但既不是收藏家也不是鉴赏家，只是比普通人多了几块手表罢了，说穿了就是一个喜欢手表、多拥有几块手表的普通人。所以写点普通人的想法，和其他的普通人交流一下心得，增加点生活情趣，让我们这些有此爱好但无法将爱好变成职业的人，能在业余时间增加一些快乐，我也就知足了，因为"知足者常乐！"

我一直认为"手表是最实用最贴身的艺术品"，可能有人不同意我的观点，但我一直是这样坚定地认为的。这也是我喜欢手表最根本的原因。男人天生就有一种对机械的好奇与喜爱，随着年龄的增长开始对小到手表、相机，大到摩托车、汽车都有一种挥之不去的情结。而在众多的大小机械中，手表是最特别也是与众不同的一种。对爱表的人来讲，当你触摸着手表的表壳，欣赏着各种各样设计，多姿多彩的造型，尤其看到表盘里面有黑有白有彩色，有平面有立体，有绘画有雕刻，这难道不是一件艺术品吗？当你看着用不同金属和其他特殊材料制作的表壳和表针，那些美丽的色泽发出的诱人光芒吸引着你的眼球时，你难道不觉得它是一件艺术品吗？当你从透明的表盖里看到手表机芯的时候，当你欣赏着那加工精细、打磨精美、布局精确的各种形状的可爱的小零件时，这种视觉上的享受，难道你还不认为这是一件艺术品吗？当你听到和自己心脏一样在有节奏地跳动的摆轮，那报时打簧的清脆声响敲击着你的耳膜、震动着你的听觉的时候，你还能怀疑这不是一件艺术品吗？

有些朋友把玩古董瓷器，有些人收藏油画雕塑，还有些人喜欢去聆听钢琴提琴的演奏，或者欣赏一台歌剧、观看一场芭蕾舞的表演，每个人都会从不同角度去欣赏自己喜爱的东西从而得到快乐与享受。而对一个爱表的人来讲同样也能从这只小小的机械中得到快乐与享受，而且这块你喜爱的手表随时随地与你贴身相伴，并且时时刻刻服务着你，你说手表是不是"最实用最贴身的艺术品"？

人生活在这个世界上每时每刻都不能离开时间，但是你有没有发现，在东西方文化之间，在欧亚地域之间，人世间存在着相当多的差异！大的方面如民族、宗教、文化、语言就不用讲了，有那么多差异需要我们相互沟通、相互交流、相互了解。就是与我们日常息息相关的东西都各有各的区别与不同，比如重量方面：中国是担、斤、两，欧洲是吨、公斤、克，美国是短吨、磅、盎司；长度方面：中国是丈、尺、寸，欧洲是公里、米、厘米；美国是英里、英尺、码。在所有计量单位标准里面唯独时间的标准全世界都是一样的，无论你是什么民族，什么宗教，文化、语言有什么不同，但用的时间都是一样的，即一年12个月，一个月4个星期，一天24小时，一分钟60秒。想想看我们生活在不同的国家与地区，说着不同的语言，用着不同的货币，但是我们

却必须面对同一个时间。当你的生命中度过了一分钟，同样一分钟也在我的生命中失去了，仔细想想时间是多么的微妙！由此看来每个人能拥有一块手表用来记录着自己所度过的年年月月、分分秒秒，并且有时上上链、有时对对时、有时调调日期，虽然短暂却又不可缺少，在生活中这是一种多么妙不可言的内容和一件多么有情趣与快乐的事情啊！

有些朋友没有戴手表的习惯，这也无所谓，"萝卜白菜各有所爱"，但我认为你可以没有手表，但你不可以没有时间！因为"时间就是生命"！对爱手表的人来讲，戴上一块自己喜爱的手表，提醒自己珍惜时间，爱惜生命，那是任何其他机械无法代替的。

再谈手表的血统

Random Talks on Watch : A Sequel

在手表领域几百上千个手表品牌中，有几千上万个手表型号，我们要去寻找它们各自的特点，满足庞大的不同档次的市场需求！

　　家祥兄在《THE WATCH》杂志五/六月这期的《蓝色的迷惑》一文中提到了两个人，一个是我，一个是Longines（朗琴）总裁Walter Von Kanel先生。在文章中当家祥兄听到Walter先生讲到他的公司"是以中国市场为目标，中国市场要什么他们就会造什么，绝不会恪守走复杂、高档腕表路线的荣誉"这一席话时感到困惑，其实我同样也感到非常不解！这句话的内容是很矛盾的！其实中国市场现在什么都需要：高档、中档、低档的手表都有市场需求！下里巴人、阳春

白雪都要，关键是你都能满足得那么全面吗？什么档次的手表都制造吗？其实每个品牌都应该有自己的风格，有自己的定位，这才是最重要的！并不是"市场要什么就造什么，或者又表示绝不造什么……"我在过去写的《手表的血统》一文中观点就表明得很清楚：任何手表品牌无论你历史如何悠久，血统如何纯正，都要与时俱进！都要面对市场与现实！并且根据自己的情况制定自己的市场策略才对！这位老先生还反问家祥兄："你说AUDI（奥迪）汽车赚钱还是FERRARI

（法拉利）汽车赚钱？"家祥兄无言以对。真遗憾我不在场，要是我在场就会客气地回答老人家："在中国两个品牌的车都挣钱！并且奥迪有钱随时买得到，买法拉利要交了钱排队等交货！"就是这么简单。爱手表的朋友一定也知道想买百达翡丽5131也是交了钱还要排队等交货吧！我也要反问这位老人家："你说是SWATCH赚钱，还是PATEK PHILIPPE赚钱？"其实中国有句俗语："蛇走蛇路，鼠走鼠道。"说白了就是各有各做！在中国这个新兴的发展中国家更是这样。

我记得在中国改革开放的初期有个香港血统的品牌叫"金利来"进入内地，一时间变成了中国人认知的"世界名牌"。那时打条"金利来"领带，系一条"金利来"皮带都相当威风，又时尚又高级。而现在呢？这个品牌早已被国人遗忘了！就是没忘，也不知要跑多少家商店去找找看了，真是很少有人买，也很少有人用了。其实过去很多响当当的世界名牌在中国也是相当有名气的，例如派克金笔、胜家衣车、三枪自行车、蔡司照相机，你看看这些品牌在那个时代，在同行业中都是叱咤风云的佼佼者，都是拥有着纯正血统的世界名牌，可是现在还有几个在市场上拥有着昔日的风光与地位呢？大多数城市里中国人知道的手表品牌，在60年代是"罗马""梅花""英格"，并且还在前边加上个"大"字。80年代是日本手表"精工""西铁城""卡西欧"，而在今天的中国市场上，在中国人的手上又能看见多少踪影呢？任何一个品牌一定要适应市场的需求，又要保有自己的风格与特点，这才是最重要的。说到血统

我在上一篇《手表的血统》中讲过人类近亲繁衍后代，血统是纯正了，但并不优良。这点遗传学早已证明。过去在欧洲皇室之间相互喜结良缘的情况很多，虽然这里面有政治、经济、宗教等等原因，但真正考虑的还有"门当户对"的原因，要保持高贵的皇室贵族的"纯正血统"，这样后代一路下来就会"优秀与优良"。但是现在欧洲很多王室皇室已开始改变了，例如最古老的英国皇室也在与时俱进，面对现实社会，用行动证明贵族与平民相结合同样可以有"优秀与优良"的后代！你看看刚刚完婚的英国威廉王子就拥有1/2的贫民血统，就是比他的父亲查尔斯王子英俊、潇洒、高大、威猛，而现在他又继续娶平民美女为妻，我想他们的后代今后会更加"优秀与优良"！

讲到手表的血统我一直是这个态度，无论是"纯正的"还是"混血的"，无论是"先移民的"还是"后入籍的"，最后还是要看结果如何，看市场反应如何。无论这块手表出自历史悠久的大家族大集团，还是刚刚出生在单打独斗的独立制表师之手，只要这块手表本身具备生存的一切条件，又有市场的认可，并且得到人们的喜爱，它就一定会有生命力！如果这块手表品质不断提高，设计不断完美，不断更新换代，不断推陈出新，那它的生命力就会更加旺盛与强劲！

　　现在的世界是一个信息发达的时代，是一个科技创新的时代，是一个以自然为本的时代！任何物质与人类都要互惠共融、互补共存！并且要打破门派、血缘、民族、宗教之界限，走向更加宽容、更加和谐、更加互利的局面。在手表领域几百上千个手表品牌中，有几千上万个手表型号，我们要去寻找它们各自的特点，满足庞大的不同档次的市场需求！百花齐放、百家争鸣，这才是最重要的！在此我也要向几个百年以上的老品牌致敬，因为他们在不断地焕发着青春，新产品不断面市：宝玑、播威、朗格、浪琴、沛纳海、天梭……同时要向年轻的手表品牌叫好！像DEWITT、RICHARD MILLE、URWERK、F. P. JOURNE、PIERRE KUNZ等。他们后生可畏，虽然年轻的新品牌连个中文名都还没有，但中国市场在等待着他们去开辟似锦的前途！

手表的『外』和『内』

Random Talks on Watch : A Sequel

手表的"外在美"与"内在美"到底哪个重要呢？

手表的"外在美"与"内在美"到底哪个重要呢？是否一定要表里如一？是先外后内，还是内外兼顾？其实是每个戴表与用表的人可能注意的重点并不一样罢了。有的人追求外形，以装饰配合时尚；有的人讲究实际与效率，精准是戴表的目的。但追求完美讲究细节的人对手表就完全是另一种要求了，他们希望内外兼故，外表美，机芯更美，当然还要精确准时。但是现在有些时尚青年就是只注重外观，他们并不在乎内里怎样，表里不一也无所谓，戴着好看就行，把

手表当成装饰品。似乎现在的社会风气也是这样，注重外观，讲究表面多过本质，所以市场上就会出现很多包装美美的，但好看不好吃、经看不经用的东西。我们仔细想想"品质"就是在这里体现：金黄的油条放了洗衣粉，鲜亮的鸡蛋喂了苏丹红，发光的水果喷了石蜡，雪白的牛奶加了三聚氰胺……这一切都是为了外表而失去了内心，从而失去了良心！

但是对机械手表来讲，手表的机芯一定要比美丽的表盘重要，因为对戴表的人而言，手表对主人的忠诚、精准、值得信赖一定比美丽、漂亮的外观更加重要！谈到手表无论是什么品牌，你第一眼看到的当然是外观，从外观上看你喜不喜欢，外表是不是漂亮，在外观外表吸引你之后，你才会进一步追求内在的"美"。我有一个买表的经历就说明这一点，四五年

前在北京手表厂的销售展柜中，我一眼就看上一块掐丝珐琅高尔夫球手图案的手表，它在众多花鸟草虫、动物和龙凤图案的珐琅手表中吸引了我的注意。图案本身并不复杂，是一个男士击球后标准的收杆动作，姿势体态相当完美，动作也很专业协调，更重要的是在那些五颜六色的众多珐琅手表展品中，它的图案用色反而十分素淡清雅。表上金丝掐出的线条精细清晰，表现的主题精确生动，尤其球手体态动作相当标准，小腿部的肌肉轮廓相当神似。其色彩虽然并不鲜艳，只有黑、白、黄、褐四种颜色，但这单调的色泽又让你感觉是那么舒服、那么清爽、那么有层次。表盘中心白色是太阳，黑色是人物与景，黄褐色是天空与云，整体图案似清晨的朝日又似傍晚的夕阳，构成一个意境浓重的美景。虽然没有传统的蓝天、白云、绿草地，但整个画面相当有诗情画意，我用放大镜仔细欣赏着珐琅图案的每个细部及烧制的质量，心里开始跳跃起想购买的欲望，因为有多少国际上的知名品牌的珐琅手表烧制的质量也不过如此，但他们的价格却贵得惊人！而且高尔夫图案的手表至今我也只碰到这么一块。

“这块表能卖吗？”我试探着问接待的人。

“对不起！这是厂里最早的一批掐丝珐琅盘烧制成功的纪念品，这个图案只有这么一块，只做展品用！”接待我的人严肃诚恳地回答。

“问问价钱可以吗？”我厚着脸皮说。

“八九百度的高温烧制几次，成功这一片表盘就要失败好多片，烧制的成品率太低了。”她所答非所问，并让人感觉到不会便宜。

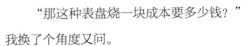

“那这种表盘烧一块成本要多少钱？”我换了个角度又问。

“那时烧一片都要8000元人民币的成本（大约20世纪90年代）。”她老实地回答。

“但这块表机芯一般呀！”我拧着表把再进一步试探。

“对！现在随便装了一个普通的机芯，主要展示的是这个表盘。”她理直气壮地回答。

“是啊！也就是这块表盘贵了！”我问价的目的达到了。

我马上找到厂长表示我如何欣赏这块掐丝珐琅高尔夫图案的手表，再加上我又是北京手表厂的VIP，最后总算得到厂长的批准卖给了我。这就是手表，有时和看人是一样的，一旦外表吸引了你，似乎就有些魂不守舍！人与人、人与物的第一次接触，外表留下好印象是很重要的，这才有进一步深入了解的可能。因为进一步了解是需要时间的，值不值得再花时间，先入为主的第一印象非常关键。但是讲到深一步了解国产手表，拿它的机芯来和瑞士手表的机芯相比，差距可就大多了！当然我指的是同类型的机芯（最普通的大三针机芯），应该讲国产机芯还有很大的提升空间。比起瑞士几百年的手表制造历史，中国手表制造业才刚刚起步仅半个世纪，从"剃度出家"到"修成正果"那也只是刚刚进入"佛门"的徒子徒孙罢了，今后还有很长很艰苦的"修行"之路要走。看到这块美丽的表盘配了一个连编号都没有，普通得不能再普通的，从生产流水线上做出来的机芯时，真让我有一种"鲜花插在牛粪上""好鞍放到了猪背上"的感觉，这个表盘与这个机芯太不相称了，这个面子与这个里子也太不搭配了。我下决心一定要帮这块美丽的表盘配上一个"门当户对"的好机芯！

在手表制造业中过去有很多品牌都不自产机芯而购买别人的机芯装配，这种内装其他表厂机芯的手表很早就有，也很普遍、很平常。就连劳力士、沛纳海这些大品牌过去也都有过装别人生产的机芯记录。这使我想到最好也装个别的品牌的漂亮机芯才能配上这个表盘，但是装什么机芯好呢？我一直在考虑，对这种有艺术图案设计的表盘是不适合装陀飞轮机芯的，因为现在陀飞轮都设计在表盘正面，以用来提升观赏性，可是一块完整的掐丝珐琅表盘本来面积就不大，要把图案完美体现但又要在整体图案中挖个洞来表现陀飞轮，我就觉得是主次不分，重点不突出了！当然这也包括用其他艺术方式制作的表盘，现在除了掐丝珐琅还有微绘珐琅、金雕漆雕、马赛克和木料石料镶嵌等等工艺制造的表盘。如果用手表来展现这种巧夺天工的艺术精品，机芯最多是简单的大三针比较适当，不会喧宾夺主，更不会破坏整体图案的设计。但是又不能前面的面子有的看了，而后面机芯却不能欣赏，那又失掉欣赏机械手表的乐趣了。所以我一直喜欢的手

表后面是蓝宝石玻璃能看到机芯的设计。前面是表盘艺术与表壳设计的美，后面是机械制造与加工工艺的美，这才叫完美结合。我想这个机芯不单是一块精准的好机芯，它一定还要有观赏性与独特性才行，一定要与众不同！这样才能和表盘匹配。我想到瑞士一个独立制表师制造的独特机芯就符合我这个要求，它就是瑞士苏黎世独立制表师Paul Gerber先生设计的"三陀同步自动上链"专利机芯。讲到手表的自动上

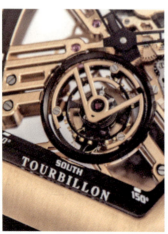

链装置我们经常看到最多最普通的都是一个不到半圆的摆陀作360度的旋转上链，特别一点的还有小的珍珠陀，但"同步三陀"这个专利设计至今还是世界上唯一的独特设计没有第二家。讲起Paul Gerber，他也是瑞士独立制表人协会（AHCI）的创始会员，在国际独立制表师中名气不小，他能用自己灵巧的双手将很多天马行空的复杂设计从想法变成现实，从图纸变成实物。在他那"麻雀虽

小五脏俱全"的工作室里，每年生产出不同设计的作品数量最多也就一两百块。

我决定之后就将这片高尔夫球手的表盘托Paul Gerber在香港的好友Ashley Lung先生在2011年参加巴塞尔表展时带到瑞士，请老先生在百忙之中帮我配上他独特的机芯，还是Ashley的面子大！他接受了我的请求。时间一天天过去了，整整一年之后的今天，一块完全脱胎换骨的杰作呈现在我的眼前。Paul Gerber先生还亲自为我签发了唯一表款的证书，让我欣喜若狂。下次有机会见到他，我一定要当面好好谢谢他！

在此我还要补充说明的就是2012年夏天，手表界又多了一个全新的品牌——安斯达皇（M. Stephane），在这个品牌中有一

款系列手表其机芯就是他们专门向Paul Gerber先生订购的"三陀同步自动上链机芯"，这个品牌还专门介绍与宣传了这个独特的自动机芯，真是"英雄所见略同"。我估计由于他们签的合约所限，今后再想订制此机芯的愿望会很难实现了！

外国人制造的首款中华农历表

Random Talks on Watch : A Sequel

　　华人在时间观念上有一个很重要的习俗，就是习惯用农历。无论你生活在地球什么角落，现在是什么国籍，是什么民族，信仰什么宗教，只要你过春节吃年糕，大年三十守岁，大年初一拜年，过元宵节吃汤圆，过端午节吃粽子，过八月十五全家团聚吃月饼，并且知道自己十二生肖是属什么，了解二十四个节气是怎么回事，那你就沾上华人农历这一时间上的习俗了。

华人在时间观念上有一个很重要的习俗，就是习惯用农历。

　　从某种意义上讲，这种农历的习俗要比公历更科学与合理一些，但有时候科学与合理的东西并不见得就能普及，因为全世界七十亿人口，华人只占了大约五分之一，所以要考虑到别人的习俗，大多数人接受的习俗，因此根据太阳运转作为基本计时与历法，这就是公历比较普及的原因。但讲到农历比较科学与合理，其中和我们最直接相关的就应该说到年龄的计算方式了！是用"虚岁"计算科学合理呢，还是用

"周岁"计算科学合理？在回答这个问题之前我先讲一件事：在美国高速公路开车，尤其西岸加州高速公路上开车的人一般都知道，在繁忙的一些路段靠最左边都有一条特别车道，就是在车流量高峰时两三个人以上坐一部车的可以不受塞车之苦，人多有"特权"可以走此专用快线顺利通行，这是政府鼓励多人使用一辆车，节省能源、少占路面的一种措施，这样既经济又环保。美国有位妇人，一个人开车驶上了只允许两人以上驾车行驶的这条特别通道，遭到警察的检控并开了罚单，她不服气闹上法庭，最后此妇人却胜诉了！其理由是她怀有身孕！她的律师义正词严地指出：我的当事人肚子里的孩子算不算是一条生命？算是生命她就应该算是两个人！毫无疑问这个法官接受了"虚岁"这一科学合理的概念，因为"虚岁"是从怀孕、从娘胎里已开始算起的！而且美国又是最讲人权的国家，其主流宗教又是强烈反对堕胎的，认为堕胎就是在杀害生命。这就充分说明，使用公历的老外也认了这个阴历、农历"虚岁"的这条理了！

几千年来阴历也好农历也好，对世代华人在时空中生存与生活，有着相当深远的影响，尤其对一个以农耕为主的华夏民族来讲更为重要，农历是世世代代华夏民族从实践中总结出来的，所以科学与合理地流传几千年至今。用书本或文字表现的农历也叫黄历或皇历，每年华人地区都有出版。有时也会和阳历的日历结合印在一起，供华人更加方便地对照使用。

但是到目前为止为什么华人就没有生产与制造一款农历手表这种计时装置供自己使用呢？反而是一家外国公司在2012年生产出了世界第一只农历手表！让钟表界惊喜，更让华人钟表界震惊！这只中华农历手表是由1735年成立的瑞士表厂宝珀公司（Blancpain）生产出来的。此款手表上标示出中国上千年的农历历法计时，它不单用中文数字标出月份、日期及闰年，而且十二月的位置还用中文写上"腊"字，这就一目了然是腊月了。日期只有三十天，并且每天还有子、丑、寅、卯等十二个时辰的显示！还有农历十二生肖的视窗，到龙年还有幅龙图显示出来，真是一绝！另外还有一个副盘显示阴阳八卦太极和十个天干地支以及金、木、水、火、土五行，这样来配合计算便可得出六十甲子为一周期。例如今年是龙年应该是壬辰年，此年出生的龙男龙女应是天干属水，地支属土，再看出生的月份、日期和当天呱呱落地的时辰，就计算出自己的生辰八字了，你说厉不厉害？手表本身还有月像及三十一天的阳历日期显示，是一个中西结合得相当完美的计时装置。

看到这块手表让我想到的第一个问题就是，怎么这种华人的农历表却是由外国手表公司生产出来的呢？我相信那个团队里一定有华人参加，最起码也应该有华人民俗的顾问参加吧。但为何国内的手表厂就不能

生产呢？其实国内的手表工厂是应该能生产的！但事实上却没有生产出来。看着中国航天的成就举世瞩目，中国航天员戴的国产手表也能与外国品牌一争高下，但这块出自外国手表厂制作的中华农历手表却深深刺痛了华人手表收藏家的心！"为什么首款农历表是外国人造的？"我真想不通！有时我真想和国内几个手表厂的老总请教一下这之中的"为什么"？中国在"太空对接""大洋深潜"这种高科技的大事上都能做到，按道理做个农历手表的这种手工技术的"小事"应该不成问题，没有无数这些"小事"的成功，怎么会有"大事"的顺利完成呢？其实关键是你有没有这个决心与意志去做这些"小事"！真希望国产表厂的当权者们在考虑生存与追求利润的同时，也多尝试着去做一些这样的"小事"，用多一点心思去实现一些创意，用多一点心意去使这一门手工艺术在我们中华民族文化的基础上得到发扬，有些领域我们是应该走在洋人前边的，我们过去有，现在更应该有！

都是手表惹的祸

Random Talks on Watch : A Sequel

現今可能只有在中国戴手表会惹出"祸"来，严重到会将牢狱之灾也惹上身的地步。

现今可能只有在中国戴手表会惹出"祸"来，严重到会将牢狱之灾也惹上身的地步。大半年前国内有位"表哥"就出了这么一档在中国成家喻户晓、尽人皆知的事。但千万别误会"表哥"这一尊称是指有血脉关系的家族表亲搞出了的什么亲情伦理的故事，这个"表"字还真是手表的表。事情出自国内一位地方官员在不同的场合、戴了不同的手表、照了不同的相片，被有心人搜索出来并公布于互联网上而引起人们的注意。尤其普通百姓关心的是这位戴过这么多块手表的官员是否与他的工资收入、购买能力相称？是否有贪污受贿的问题？

这位人民公仆戴的手表一开始曝光的只是五六块，他还作了一下解释，但没想到越解释曝光得越多，最后出来了十几块手表。这位被老百姓戏称为"表哥"的官员在舆论的压力下被上级停职接受调查。我相信最后的结局对这位"表哥"来讲并不乐观！搞不好真要去监狱里过几年只能看日出日落而没有手表可看的日子了。

其实喜欢手表并不是罪，拥有多几块手表也不是问题，但问题出在哪儿呢？祸根从何而来呢？这就要说到手表本身上去了。曝光的照片显示他戴的都是一些"名表"！一谈到名表就让人想到是名贵的手表，价值不菲，是普通百姓买不起的手表；其实名表就是有名气有品牌的手表，知道的人多了，广告做大了，喜欢的人多了，就成名表了。当然名表与名表之间价格的差别是相当大的，关键是"名贵"到什么程度。只从照片上看那几块手表真是很难分辨是什么名表，名贵

到值多少钱，其实就是实物在手没有专业水平
的人，有时也很难分清真伪。过去就有过一位
国内官员在贪污受贿的赃物中据说有一块价值
30万元人民币镶满钻石的劳力士手表，最后经
专家查证那块"满天星"劳力士手表是假的，
最多也就值个千把块钱。虽然是假货，送礼的

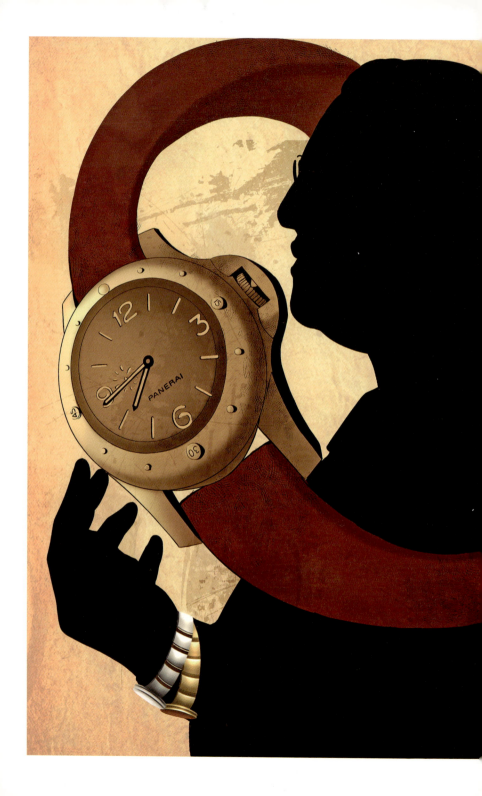

人是不是当几十万元的真货送的我不知道，但收礼的人的确是按几十万元的名贵礼品收的，因为此表是在保险柜里搜查出来的。问题就出在这，不管是真的还是假的最终还是"手表本身惹的祸"。

回过头再讲这位"表哥"，关键是他到底是不是用自己挣的钱买的这些手表，除了养家之外他还有没有能力去买这些名表？如果别人送的礼物，他知不知道这些表的价格，应不应该收下？其实全世界很多国家对政府公务员、官员收受礼物都有严格的指引与规定：多少钱之内的礼物可以作为友好的纪念品自己留下，超过多少钱的礼物就要谢绝、退回或者上交归公，绝对不能占为己有，现金就更不能收了！不论你是大官还是小官这些都是做公务员最基本的常识！真不知道国内是否在这些方面也有严格的指引与规定？记得过去讲"三大纪律八项注意"，其中有一条是

"不拿群众一针一线"，现在通货膨胀这一针一线也太少了点！

当今就连一台缝纫机、一套名牌西装都算不上什么大礼物了！话又讲回来，现在无论商品物价怎么通涨，最起码政府有关部门也应该有些新的明确的规定给这些官员们有个指引才对。

其实名表要怎么去看这个"名"字？天梭牌手表也是名表，梅花牌手表也是名表，同样劳力士也是名表，百达菲丽也是名表，但这些名表之间在价格上是有很大差别的。如今国内政府官员按月薪两万人民币左右来讲，如果真喜欢手表，比如是斯沃琪（ＳＷＡＴＣＨ）牌手表，这个品牌也是一个相当有名的名表，要爱上这款名表，这位"表哥"每月只需要拿出工资的5%左右就可以买一块了。几年下来别说十几块，就是收藏个几十块也是可能的。（国外有位仁兄十几年下来就收藏了这个品牌的手表上千块，年初在香港拍卖了五千多万港币。）我相信如果这位官员每天换着戴这个牌子的名表再怎么曝光，也肯定惹不上什么贪污的罪名。但是，如果他喜欢的名表是百达菲丽，哪怕只有一块，每天都戴这一块，双追针或万年历或陀飞轮，那就真要查查这位表哥手脚是否"干净"了！别说他一个月全部的薪水，就是几年不吃不喝不养家，把自己的薪水全拿出来也买不起一块这种名表。所以名表也好，数量也好，都不是问题所在！真正的问题是，一定要搞清楚是什么档次的名表，其价格是多少，这是国内官员们一定要搞清楚的重点与关键！

我认为部分官员需要上一些相关内容的课程，包括礼仪课程、形象课程，甚至简单的吃相喝相的课程，向他们普及一下手表的知识，分清"名牌"与"名贵"的区别，并且什么样的手表才适合自己的公仆身份佩戴？其实我相信国内的一些官员爱表的真正目的还是处在虚荣、炫耀、面子的层面，只知道名表价格不菲、值钱、不便宜。他们对奢侈品的向往与追求，随着权力的不断扩大，占有欲也变得越来越强烈，这样就让一些行贿的人投其所好、顺水推舟，用"身外之物"来贿赂这些官员。就如同前文所讲的，收到别人送的一块镶满假钻石的假劳力士手表，还锁在保险箱里珍藏着，最后被查出、被没收、经鉴定后告之是假货的时候，这位官员还想不通自言自语地说："他怎么可能送我假的呢？"当然最后一样被判了刑，其实一点也没冤枉他，因为他真当名贵的手表收下的。俗话讲："吃人家的嘴软，拿人家的手短。"作为政府的官员你应该知道这是一个最基本的常识！如果你手上戴着十几万、几十万人民币的手表，这根本不符合你作为人民公仆的身份啊！更何况还是收了别人送给你的礼，那就更是大错特错了，你拿了人家的东西手都"短"了，你都变成"残废"了，还怎么为人民服务啊！

手表与奢侈品的关系

Random Talks on Watch : A Sequel

　　写这个标题其实有点"难"！但围绕着手表与奢侈品我又想说点什么，有时仔细想想奢侈品涵盖的范围不小，而手表到底是不是奢侈品呢？一直是有争议的，而我也一直认为手表不应该是奢侈品，因为对手表本身及爱表的人来讲并没什么好处。但是有些手表公司、手表品牌一定要与奢侈品"勾搭"上，当然也有他们的道理。手表的前世——怀表，几百年前是王公贵族的玩物，是奢侈品无疑。发展到手表最早有记载也是1806年拿破仑的老婆约瑟芬皇后为王妃特制了一款装饰得像手镯似的腕表，我想皇宫中的御用工匠当时大概也是用一块女装的小怀表改造的。为什么给王妃戴？可能这种"大胆"的尝试皇后不敢轻易戴，先让王妃戴上试试看看反应如何。而真正的第一块手表应该是1868年百达翡丽为匈牙利的一位伯爵夫人定制的手表，由此看来手表当时还

是为了讨好小众的需求为达官贵人服务的奢侈品。直到1885年德国海军向瑞士钟表商下了大量的手表订单，手表才真正开始走向实用，方便看时间而名正言顺地成为生活用品、生活必需品。而这个从怀表发展到手表的演变过程最少走了三百多年。不知道是商业的需要，还是品牌的需要，还是身份的需要，一部分手表品牌至今还是围着达官贵人王公贵族转，产品的发展上最终还是两极分化，其中一小部分一直与奢侈品粘黏着，随时随地都想体现出自己"贵族"的身份与地位。在宣传上不外乎都是产量少、价格贵，或者什么皇室名人戴过，而且还要再三强调只有少数成功人士才能拥有，由此强调他的奢侈地位，以抬高自己奢华的身价。有时也感到不能只讲奢华，手表公司还会加上一些"有文化""有品位"的故事加以说明，似乎有了这些说明，这块手表就更加应该拥有高贵的地位，即使价格再贵，人们也就自然而然地认为是理所当然的事了，我想这是成为奢侈品的本意。

有时我一直在想"奢"到底是什么意思？难道就像字典里的解释："大手大脚乱花钱""享受过度""挥霍、浪费、浮华，过分追求"，而"侈"就是"浪费"之意。那按这样的解释这并不是一个正面的好词啊，而且"奢侈"与"奢华"又有没有区别呢？有些观点认为这两个词还不完全是贬义词，还有"正能量"和积极的作用，是一种向上的生活态度，一种追求品位与格调的生活方式。其实无论怎么解释，我想也是站在不同的角度给出不同的定义吧！就像欧洲的一位相当知名的时尚女性——嘉柏丽尔·香奈儿也讲过："奢华的反面不是贫穷，而是庸俗。"听了真让人欲哭无泪！其实无论东方还是西方，无论是什么文化背景，人们都不会否认"经济基础决定上层建筑"这个道理。在物质相对丰富的欧美，文化与艺术就会相对发达。但在发展中的亚洲和非洲，当物质还相对贫乏，人们还在为生存、温饱奔波的时候，我相信"爱马仕"的皮包和"拉菲堡"的红酒绝对和"庸俗"扯不上任何关系！我们圈子里就有个带

泪的笑话：谈到灾难加灾害的20世纪60年代初时，在那三年里人们能喝上"一碗带米粒的粥"已经不错了，如果再"放点盐、放点碱就更香了！"旁边有位年轻的小姐不解地插嘴说："喝白粥应该有肉松啊！"当时我们听了哭笑不得，我想她应该也是中国的"香奈儿"了。

话又说回来了，到底手表和奢侈品有关系吗？看看近几年香港的手表市场，你有没有发现针对着国内的买家，香港这几年手表专卖店开的新店格外的多、格外的快！繁华地段、高级商场都能见到名表专卖店的亮丽橱窗和醒目招牌，并且所有名牌表店在展柜与橱窗里放的都是那个品牌中最精美、最华贵、最奢侈的手表型号，听说越贵越奢侈的手表销售得越好！难道买这些名表的人只是不"庸俗"吗？难道这与有没有钱、贫穷与富贵没关系吗？但是自从2016年国内的"表叔""表爷"相继曝了光、上了网，手表市场就有了变化，最近几次陪朋友在香港逛表店，发现高级名表店真的没前几年那么兴旺了，最近国内有本权威的财富杂志统计了中国最受欢迎的十大奢侈品，榜上有名的奢侈品牌没有一个是手表品牌！那几大名表都消失得无影无踪，不知去向了。是奢侈品抛弃了名表，还是名表与奢侈品划清了界线？我想答案应该有了。

手表应该回归到实用、实际，回到实实在在的生活必需品行列，回到普罗大众的手腕上才会有强劲的市场生命力！而一扯上奢侈、奢华、名贵、名牌就和"铜臭味"分不开了！尤其在一些经济刚刚跃起的、物质还并不丰厚与充裕甚至还有用"伪劣假冒"的商品在坑害百姓的国家和地区里，可以讲奢侈品只是为了那些先富起来的人中的一小部分人，用以装扮自己身份、粉饰自己面子、满足自己虚荣心的！其实任何消费品、生活用品都不应该用它的价格贵贱来区分使用它的人，更不应该轻易与奢侈、奢华扯上关系。同样手表也是这个道理，它的历史、它的艺术、它的设计、它的创意，你欣赏的并不是它的价钱有多贵，炫耀的也不是它镶上了多少粒钻石，而它就是一块手表、一块机械手表、一块精美的机械手表、一块手工制造的复杂精美的机械手表罢了。

在现今的中国，贫富差距如此之大的中国，还有九亿农民的中国，其实香奈儿的这句话应该是这样讲："奢华的正面不是富有，而是庸俗"才对。所以手表无论谁用谁戴，都应该是生活用品，根本和奢侈、奢华沾不上边。当然有些戴表的人本来就没有把手表当手表戴，他们认为是显示身份的奢侈品！那这之中"是贫穷还是富有，是庸俗还是高雅"只有他自己知道了！

『物美价廉』与手表

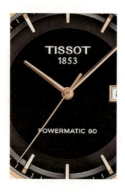

Random Talks on Watch : A Sequel

　　过去人们买东西一定想到"物美价廉"！但是现在"伪劣假冒"的东西充斥市场，反而一谈到"价廉"就会认为不是什么好货品，就会认为"价廉物不美"，就会认为"便宜没好货，好货不便宜"。

　　过去人们买东西一定想到"物美价廉"！但是现在"伪劣假冒"的东西充斥市场，反而一谈到"价廉"就会认为不是什么好货品，就会认为"价廉物不美"，就会认为"便宜没好货，好货不便宜"。其实价钱贵的东西难道就一定是好货、美货吗？实际上问题好像更加严重！假的、冒牌的好像专门找着贵的、高级的商品去，越贵的商品越有假冒的货！这也难怪，这样才能挣到钱嘛。因为制造这些"伪劣假冒"商品的黑心商家，也是看到买得起价格贵的物品的人，喜欢买名牌货的人，有些是不在乎钱的，只要"名"，只要"贵"就认为是物美的好货！而且很多名牌奢侈品的制造商同样也吃准了喜欢他们品牌的一些客户的心态"没有最贵的，只有更贵的"，"可以不是最好的，但必须是最贵的"，因为"贵"似乎就代表高贵、体面，就是身价不俗，但事实上真是这样吗？

过去我们讲"一分钱一分货"，其实大家心里也都明白这个道理，就是付出一分钱，就要得到值一分钱的东西，由此推算"付一万元钱也就要有值一万元的货"了，但是这种道理在当前的现实生活中却不能用数学加减法来计算，在现今的这个市场经济中已经变得复杂与错乱了！其实你仔细想想，人们购买与消费的不外乎是由两样似乎很简单的内容组成：一是"实"的东西，我们指"硬件"是物品、物质本身及品质；二是"虚"的东西，我们讲"软件"，服务的内容、品牌的名气！用一句话概括就是"物品本身的质量与物品品牌的声望"是否对称。这两样东西原本是"连体"的，是相互影响、相互

提携不能分开的，好的品质与好的服务赢得好的口碑与名气，而好的口碑与名气又必定是好品质与好服务的支持与保证。但是在现实的物质社会里，人们对"物美"的标注也不再只是停留于表面了，人们已经不能再用这种简单的方式去下结论、去解释、去说明"实"与"虚"这之中的内容与关系了，因为对"物美"有太多的不同注解！

　　就说手表吧，我过去讲过，同样是"陀飞轮"手表，品牌不同，产地不同，价格就能差上几倍、几十倍，这在手表行业中已

是不争的事实。更有甚者，同样是一个工厂生产出的同一型号的"陀飞轮"机芯，装进不同品牌的手表壳里就有着完全不同的命运与地位，价钱与口碑也就完全不一样了。这就让人觉得这个手表的品牌比这个机芯还值钱，否则只从机芯的价值上讲，现在有品牌的"陀飞轮"手表从制造到加工，在生产工艺上品质上真有那么大的差别吗？真能差上几倍、几十倍的价钱吗？就说香港一个新品牌"万希泉"的陀飞轮手表吧，是一个三万块钱之内就可以买到的陀飞轮手表，你一定认为这么便宜的陀飞轮手表肯定不会好。

当你拿到手上仔细欣赏的时候，你又会认为这是一块"物美价廉"的"陀飞轮"手表，这是与其他三万元价位的手表相比较而得出来的结论。可以讲除了品牌和产地之外，其他方面在工艺质量上一点也不比同级同价的产品差，尤其是陀飞轮的售价上怎么会和其他瑞士产品相差几倍甚至几十倍呢？这到底是差在哪儿呢？唯一可以解释的就是品牌的名气，就是产品"虚"的那个方面，就是品牌的"软"实力比不上人家百年老店。很简单，"万希泉"的品牌现在并不知名，产地又不是瑞士，所以在价格上肯定是贵不起来的，但他的手表本身"实"的方面、"硬件"方面的确又做到了物美价廉的水准，可以讲是一块超值的性价比挺高的"陀飞轮"手表！由此看来买名牌手表，你花出去的钱，可能有一半以上是花在品牌名气这个"虚"的上面了。当然"虚"也是有价值的，也应该值钱，这是无形资产嘛！但"虚"会值这么多钱，这就见仁见智了，这就要看你对品牌知名度的认同了。那么"物有所值"到底值在哪儿呢？不同的消费者就有了不同的理解，有的人只要"实际"不求"虚名"，他们认为这样才称之为值得，物美于实惠、美于实在、美于实用上。而有的人就是为着这"虚名"而花钱的，他们得到精神上与面子上的满足，同样也认为物有所值！值在别人的羡慕上，值在别人的赞美上，值在自我感觉的良好上，你说是不是各有各的"值"法。

其实"物美价廉"一直是老百姓购买东西时最朴实最基本的心态，也是买卖双方从消费市场上得到双赢的共同准则。作为一个消费者最痛心的是，花了钱又不能买到称心如意的东西和得到心满意足的服务，甚至是"一分钱半分货"，那就更让人气愤了。那些追求名牌、购买奢侈品、购买贵价商品而上当受骗，最后给自己精神上带来痛苦，物质上带来损失的事例不少；那些砸名牌汽车、剪名牌衣物、烧名牌手袋的新闻也时有见报，从而也让人开始慢慢反思是否应该回到追求平实、平淡、平安的消费理念上来了。我前面讲过的"万希泉"品牌的手表就是相当实惠的"物美价廉"的手表品牌，听说它在日本市场卖得相当不错，反映很是不俗，可喜可贺！这充分反映了日本消费市场十几年来也是走过了一个追求浮华奢侈再返璞归真的过程。你有没有发现这几年在香港九龙繁华地段，开了不少专卖那

些从日本收集过来的高价皮包、名牌手袋，还有一些瑞士名表、名贵首饰的二手奢侈品店铺，有些店铺的老板本身就是日本人，他们开始把玩剩下的东西又拿来满足一个开始步他们后尘的消费市场了，从这点上看难道我们不需要警惕与反思吗？

其实现在有很多商品都坚持以"物美价廉"的原则去面对消费大众，甚至能做到"一分钱两分货"的超值"性价比"。在手表品牌中这种性价比高的手表其实不少！像瑞士品牌中的天梭表、浪琴表、名仕表等等，都一直是相当实惠的真正的"物美价廉"的手表品牌！

手表制作中的『透明度』

Random Talks on Watch : A Sequel

谈起手表其实有讲不完的话题！今天聊点手表的"透明度"。

　　谈起手表其实有讲不完的话题！今天聊点手表的"透明度"。但别误会，这可不是谈那两块看到表面与机芯的前后盖水晶玻璃的透明度，而是手表本身从设计到制作中的透明度！其实在手表制造业中是有很多商业"秘密"的，但是有很多"秘密"在手表行业内并不是秘密，但到了消费者面前却成了"秘密"。其实消费者反而更应该有权知道，例如手表外壳是用什么金属做的？纯度如何？都是什么成分？又比如有品牌的手表，里面的机芯是不是自己设计自己制造的，这也应该说明一下。如果机芯是外购其他品牌公司的产品，更应该讲清楚。还有手表的外形设计是出自自己公司的设计师还是聘请外面独立的设计师提供的，这些也都是消费者想知道的，并且应该知道的信息。这些就是我要讲的"透明度"的问题。

有些品牌会主动说明机芯是使用哪家公司制造的，这对于消费者利益来讲将得到更大的尊重，同时也并没有降低自己的身份！像劳力士、沛纳海这种大品牌也都用过别人的机芯！这已不是什么秘密了。但我发现一个现象：只要是大大方方公开有关资料与信息的，可以肯定讲那些"透明度"都是对自己品牌有利的，可以让自己品牌名利双收，他们才会这样有透明度地讲出来，有时还会特意宣传，加以说明此表采用了什么知名品牌的机芯，从而提高自己品牌的身价与地位，其效果毫无疑问也会更加有利于自己手表品牌的价格与销售！但是话又说回来，其实大部分的手表品牌一直对自己的产品

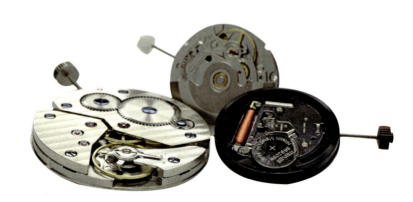

从设计、制造、机芯和零件的来源、采购、供应等对消费者都是守口如瓶的，首先尽量不说，你不问他更不想答！如果只是从保护知识产权的目的作为商业机密我们也无从指责，但其实在手表制造的圈子内也成其不了什么秘密！尤其机芯和零件的采购，行业与行家之间大家也心知肚明！但有些外壳、表盘等设计就会保密不让同行知道，都有专利或合同约束，公开出自哪位设计师和艺术家之手反而不好。但是让我觉得反感的是有些品牌出自于价格或自身的品牌身份，而保密自己各种零件、配件、机芯的采购来源，或设计师艺术家的身份，这就让消费者感到有些不公平了！也就是说如果公布上述的有关资料信息将有利于提高自身品牌的身价和售价，那就公布，就宣传，就有"透明度"，反之就不公布。如果出自后者的原因而保密，就让人以为这种欠"透明度"的做法并不是大厂家、大公司、大品牌应有的风格与做派了！手表界用名人、艺术家或外面的独立设计师来设计手表的外形、表盘等，用其他公司、名牌大厂的

机芯来为自己手表品牌撑门面、提身价、抬身份也不是什么大不了的事！但反过来公开了这些资料怕丢脸、怕竞争对手有想法、怕卖不出好价钱……还有很多不知道的"怕"而保密，那么这家手表公司到底把我们这些消费者当作"上帝"呢，还是当成一个"愚夫"对待？

据我所知，中国的几家大的手表厂，北京、天津、广州、福建等每年出口的手表机芯、手表零件数量不少，并且近几年制造与生产的复杂手表机芯、"陀飞轮"手表的机芯国外订单数量也有所增长，出口数量每年都在增加。这之中很多买家也都是欧美的手表零件进口商和生产商，这些中国产的机芯我想多多少少都装进了那些洋品牌的表壳里了，甚至可能装进了一些瑞士品牌的表壳里了，

但是又有多少被公布公开出来了呢？我相信都被"保密"了！近十几年来中国的物品、劳力、资源都以廉价著称，都在为洋品牌做嫁衣裳，多少外国商品里面的零配件其中的一部分、大部分甚至全部都是中国制造，包括玩具、电脑、汽车太多国外商品，都是用了中国的"里子"配上洋人的"面子"而不为人知，这真让人有一口无法吐出来的"闷气"啊！国际上到底有多少制造业的产品是用了中国生产的东西呢？仔细追寻、细心查找是可以找出"蛛丝马迹"的。有很多中国供货商鉴于外方及买家的要求，为了出口创利而签订了做"无名英雄"的保密协议！从而使那些品质是好的、优秀的、一流的产品及零配件使用，在外国厂家、国际名牌制造商的商品中，而得不到宣传和报道。但是一旦有些坏的、不好的、品质出问题的就即刻声明这是中国生产的，就会大加报道以示自己"清白"，从而和他们自己的名声、责任划清界限！什么时候我们才能理直气壮地说："你事先讲清楚到底哪些是中国制造的，别出了事再说。"所以在我们要求"透明度"的同时，我也希望所有的中国厂家出口的产品，无论是成品、半成品还是零配件都要洁身自爱！在品质上要对得起"MADE IN CHINA"，对得起"中国制造"才行！

我在手表收藏的这几十年中，也了解到中国制造的手表机芯和手表零件无论高级与普通的产品，每年出口的数量都不少，就说金融海啸之后的2010年,中国海关统计出口的成品机芯（海关编号9108）和半成品机芯（海关编号9110）加起来就有3.6亿只以上，价值近2.8亿美元！但是这么多平均价格还不到一美元的手表机芯却都淹没在国外手表制造业的"汪洋大海之中"了！虽然装进了不知什么洋品牌的表壳里，最后卖了不知多少欧元、美金、瑞士法郎，但是这些具体资料与数字国外厂家却一直都没有"透明度"！但我相信那些装了中国机芯的国外手表品牌，它们应该大大方方地给这些"无名英雄"应有的尊重。讲到这使我想到瑞士著名的手表品牌爱彼表（Audemars Pigue），它的"打破所有陈规的经典腕表"皇家橡树系列，在设计此系列手表的当初，品牌就要求请来的设计师"隐姓埋名"，但杰罗·尊达（Gerald Genta）大师的名声最后还是随着他设计的这个"叫好又叫座"的不朽作品，让喜欢他的手表粉丝们永远铭记与怀念他！因为手表的"透明度"这是早晚的事！

手表行业是否有『神话』（上篇）

我一直认为手表行业只会有奇迹，而不应该有"神话"！

我一直认为手表行业只会有奇迹，而不应该有"神话"！上百年来手表行业不断有奇迹发生，主要还是由那几间百年品牌的名牌老店创造出来的。半个世纪前在电子石英表的冲击下沉默了一段时间的传统机械手表制造业在近二三十年又再次活跃起来，但已经不再只是那几间老品牌出风头了，一些新兴的品牌、年轻的品牌在没有任何历史包袱下迅速地崛起，新的奇迹不断发生。

在1990年左右的手表界，如果有哪家新品牌推出个万年历新款手表一定会惊动整个表坛。如能制造与生产出一两款自己设计的新机芯，那将更加让同行另眼相看！到了2000年左右，每个知名品牌都必须要有几款多功能、万年历的表款来作为品牌的代表，能有块"陀飞轮"手表更加可以成为镇店之宝了！其实陀飞轮在两百多年前已由宝玑先生放进怀表里了，放进手表里也应该有近一个世纪了，但一直迟到近十几年来才开始被如此大肆宣传，让爱表的人才开始真正地注意、了解、欣赏与喜爱这个反"牛顿地心吸引力"的装置！到了2010年左右普通"陀飞轮"已不再是什么了不起的东西了，各种类型、各种设计、各种难度的

"陀飞轮"已经开始争奇斗艳了，能生产"陀飞轮"的手表公司一下子就有六七十家之多！好像是个品牌都要出块"陀飞轮"，来证明自己的实力与地位，来提升自己的身价。

在这点上我非常佩服"劳力士"的定力，从来不去追赶这种"时髦"，去凑这种热闹！当然手表界在这近三十年创造的奇迹也真应该让这个

行业自豪，让手表爱好者惊喜！尤其近十几年来手表界突破传统，大胆创新，那种百花齐放、百家争鸣的现象让人们在高兴之中又流露出一丝担忧，高兴的是这个百年机械制表的传统行业有着无穷无尽的潜力与生命力，而担忧的是做出来的手表越来越贵，销售策略越来越欠缺人情味，有些品牌越来越唯利是图！

最近看到国内一本相当有影响力的手表杂志，里面有一篇由张树生先生写的文章《神话的破灭》。我深有同感与共鸣，看完之后还会长久地思考：自己有没有参与到这个造"神"的活动中去呢？这个"神话"还能维持多久？

我从小就看不惯那些自大与傲慢并且势利的人，其实这种人骨子里面实际上一直流着"自卑感"很强烈的血液，有时让人感到他（她）们又有点"可怜"，但是，可怜之人其实必有可恶之处！所以不但得不到同情，反而会让人们更加反感与厌恶！同样，一家公司和一个品牌如果自大与傲慢的话，同样也会让人看不起！其实任何品牌无论大小，如果你不尊重自己的客户，不善待自己的消费者，不平等对待自己的"粉丝"，最终将会被曾经爱它的客户、消费者、粉丝抛弃！其实这样的事例在我们身旁时有发生，远的不说，就像近年有个用水果做品牌的手机，对中国与外国的市场，在售后服务的内容与待遇上有着双重标准；另一个用半裸俊男宣传的时尚服装品牌只提供瘦人穿的尺码，还对肥胖人大放歧视言论为自己辩解；还有一个打上明显商标的手袋品牌，为了做成几个大客户的生意而不礼貌地驱赶只看不买的其他客人，这些品牌最近都被消费者批评甚至抵制，最后不得不放下自大与傲慢的身段向消费者低头赔礼道歉！因为在这个世界上作为消费者最需要的并不只是"物质"，更重要的是人的尊重与尊严！

手表品牌出现VIP待遇是有历史的，这并无任何争议。现在很多消费服务都会有VIP，甚至VVIP、VVVIP，大家心里也明白这之间的不同区别，也理解这之间的不同待遇，也平衡自己的心态去接受这之中的不同区别与不同待遇，但是在"不同"之中千万千万别出现歧视及人格上的不尊重！而《神话的破灭》一文中提到的品牌所出现的问题并不单只是对客户"不一视同仁"，也不是只对VIP"关起门打狗"！而是欺骗与愚弄了爱它的顾客与粉丝，并且还狂妄与傲慢！为什么会这样呢？我想唯一的解释就是品牌的"自卑感"造成的，怎么会有自卑感呢？可能就是由于1997年只收了不到一百万美元的"财礼"就"下嫁"给了"大亨"历峰集团。而今天这个过去只为意大利海军生产一些航海仪器仪表，在手表界根本名不见经传的小公司已是"飞上枝头变凤凰""鲤鱼跃龙门"成了当红品牌了，从另一个角度来说，也可以说"咸鱼翻身"，甚至是"小人得志"！有人说它在短短的十几年走完其他品牌上百年的路是一个"奇迹"！我不同意这种肉麻的讲法，奇迹的出现应该靠自己的实力与自身的条件，但这个品牌可以讲完全没有这个实力与条件，否则当初也不会用不到一百万美元的价格贱卖自己了！张树生先生讲得好：这只是一个"神话"！因为神话是出自百姓创造的，这些百姓实际就是他的客户、消费者、粉丝，是靠他们创造了这个神话来才对。

前几年我也收了几块这个品牌的手表，但一直没有狂热起来。主要原因是我被这个品牌众多的型号搞得头有些"晕"，眼有些"花"，从而对走进这个品牌的"神话迷宫"里有些顾忌！我最不喜欢的是它众多的型号区别根本不大，只是外观做了一点小小的改动，销售的价格就会大大地提高一截，并且很多款式几乎完全一样，只是不同的金壳钢壳又是不同的型号。还有的只换个指针的颜色又是不同的型号，有的型号如果不特别指出来，根本很难分辨出与另外一个型号的差别。还有那个所谓的限量版这个"诬数"，什么只生产100枚、300枚、500枚……让那些老实与单纯的表迷们在这些阿拉伯数字的神话中不断地"疯狂"，不断为之破费金钱！总而言之一句话，他们实际在用数字游戏欺骗客户、愚弄消费者、迷惑粉丝们，用这种小家子气的手段去挣钱，让我因此敬而远之。

中国有句俗话：君子爱财，取之有道！回过身再看看他们用的是什么"道"？我想神话的破灭也是早晚的事了，这次先讲到这。

手表行业是否有『神话』（下篇）

Random Talks on Watch : A Sequel

接着上期"神话"的题目还想继续讲点有关的事。最近这一年来在中国香港、澳门地区及新加坡甚至远到瑞士的手表市场销售似乎有些"熊市"的现象，和一些业内的朋友聊天也谈到高级手表市场真没前几年红火了，一句话，中国来的"大豪客"少了很多！但仔细观察与了解其实只是那几个当红的、价贵的、高档的、奢侈的大品牌销售开始下滑，而我在前几篇文章中提到的天梭、浪琴、名士、英格纳等等一些大众品牌的手表反而出现了"牛市"，销售一路上扬。其原因何在呢？这之中可以往复杂里讲，也可以从简单上说。

接着上期"神话"的题目还想继续讲点有关的事。最近这一年来在中国香港、澳门地区及新加坡甚至远到瑞士的手表市场销售似乎有些"熊市"的现象。

中国人对高档商品及奢侈品的消费观念与态度直到今天都带着太多的"盲目性"，尤其在那几个沿海开放的大城市，当然还有那些煤老板、矿老板集中的几个内陆城市，在消费与出售高级奢侈品及贵价商品的时候都不是真正让客人认识到物品本身的素质，一些消费者也是从"我买了、我用了，别人会怎么赞赏？会怎么反应？"要面子、讲奢华、为炫耀、生怕别人看不起而去购买的动机还是占了主导地位，一句话很在乎别人怎么"看"！虽然这几十年来中国变化很大，物质与商品的变化也很大，但"要面子"的消费习俗其实根本就没怎么变，甚至随着"穷得只剩下钱了"而变得更加有过之而无不及，更加过分了！

想到中国刚开放的那些年，很多男士的第一个反应就是身上要有一套西装并系上一条领带，这就是当时最典型的"开放"的形象了。在那时无论是政府官员还是商人百姓，也无论在什么场合，就是去公园、逛商场甚至到郊外爬山都穿着西装打着领带。如果还是个什么洋品牌、进口货就更加"改革开放"了。记得当时有个专供男士使用的服装饰物品牌叫"金利来"（Goldlion）的很是红火了一把！很难想象这个百分之百的香港本土品牌一夜之间能在中国那些开放城市变成了"世界名牌"，很多中国沿海城市、广东福建特区的男士们有的从头到脚都是"金利来"！香港的金利来老板都没想到自己这个连香港的白领都才刚刚认知的一个港产品牌在国内沿海城市流行成这个样子，而且被宣传成"世界知名品牌"。我想国内的同胞那几年真让这个"金利来"挣到不少钱！那时的"金利来"名利双收，真正是创造了一个男性商品的"神话"！但是时过境迁，到了今天，还会有多少人在用这个品牌？还会有多少人记得这个品牌，还会有多少人知道有这个品牌存在呢？

三十多年过去了，一些"世界知名品牌"就像走马灯似的在中国转着，很多品牌对中国消费者来讲从无名，到有名，到知名，到"臭名"，最后又到"无名"。随着人们生活水平的不断提高，钱越花越多，面子也越要越大，使得在中国出售的高档商品无论是国产货取个洋名的，还是进口的洋货有个中文名的，只要宣传广告讲是"世界知名品牌"，标出的价格不是一般的贵，而是非常贵！就会不断地创造出一个又一个中国市场的"神话"来！尤其那些进口的洋货，包括吃的用的就是在原产地法国、意大利、德国和瑞士，几十年上百年也没有出现过这种市场"神话"，反而在中国被一些新兴富豪、大款、暴发户创造出来了。这方面可举的例子太多太多。这

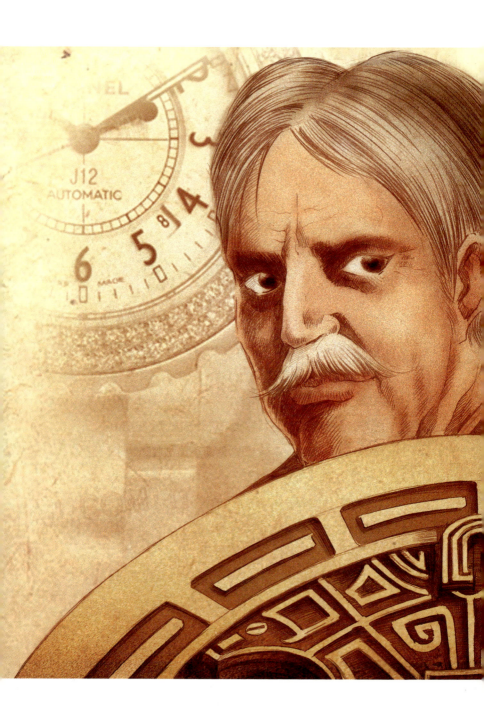

些市场"神话"的出现，我想绝大部分是出自于盲目，出自于无知，出自于愚昧！而中国改革开放从物质极度贫乏到今天的丰富多彩，这短短的二十多年来让部分有了钱的中国人"大开眼界"，有一种"刘姥姥进了大观园"的感觉，让一些"死要面子"的现代各种年龄段的"刘姥姥""刘姥爷"们对这些"世界名牌"，对这些天价奢侈品想去拥有，想去追求，以至于到了一种"疯狂"的地步。这些人认为只要开辆什么名牌车，挎个什么名牌包，穿件什么名牌衫，戴块什么名牌表自己就会立马变成高贵的人、有身份的人、有地位的人、有面子的人！事实真会这么简单吗？当然只有在"神话"中才会如此。

Random Talks on Watch : A Sequel

前两年我在内地的一次晚宴上就碰到一位地产老板热情地走来给我们敬酒，我一眼就看到他手上戴着一块闪亮耀眼的镶钻款Richard Mille手表。

我赞叹地说了一声："您戴的这块表价格不菲啊！"

他马上得意地抬高手臂说："你也识货？！五百多万呢！……对了，这表叫什么名来着？"我说了两遍这个表的英文名字，他都没听明白。

　　最后他说："算了算了！洋文不好念，又没中文名，但朋友们都说它是现在最好的手表！我就买了。"我故意地问了他一句："这表好在哪儿呢？"

　　他不屑地说："谁知道啊，就是一个字'贵'！"说完和我又喝了一口酒，春风得意地用戴着五百多万元手表的手拎着酒瓶又到别的桌子敬酒去了。

　　在消费领域跟风其实很正常，可以讲这也是消费潮流的一种体现，好东西有时是要靠朋友口碑传颂的，别人用过认为好的，认为物有所值，再介绍给相识的朋友来分享。但是终究你自己要搞明白这件物品到底好在哪儿，是否也适合自己用？盲目地听人讲讲或看看广告宣传就去购买，那将会失去自我消费的风格与理念。没有理念的消费就是不理智的消费，不理智就会出现盲目，而盲目就会迷信，迷信就会产生神话，而神话一旦出现不完美的缺失与破绽，就会造成怀疑与迷惑。一旦怀疑与迷惑就将开始重创自己那张"薄薄的面子"，从而伤到自己那颗"自卑与脆弱的心灵"，相继就会出现可信度与诚信的动摇，最后让人感到被愚弄、被欺骗，开始明白自己成了吹捧与信奉神话的傻瓜，"神话"就此开始破灭了。

手表收藏中的『富商』与『贵族』

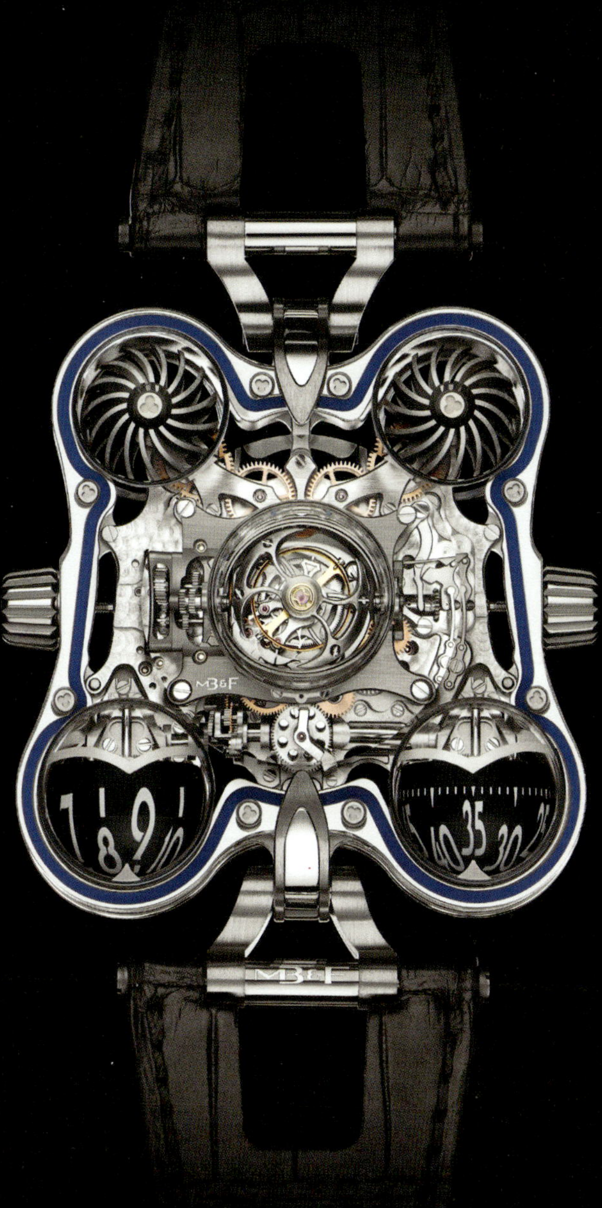

Random Talks on Watch : A Sequel

最近看到一篇文章，当看到其中"分清中国贵族与外国贵族……"这一段文字时，我马上就想到：中国有贵族吗？文章中主要讲的是贵族精神，而这种精神的产生与出身无关、与贫富无关！可是我们过去一想到"贵族"就先想到出身高贵，出身豪门，否则就是大富人家！其实这是错误的，欧洲很多贵族还没有"威尼斯商人"有钱，有的身家非常清平。但仔细想想其实贵族也好，平民也好，需要的都是一种"精神"，一种做人的最基本的准则，那就是"道德与尊严"高于一切！这之中有着贵族的显赫家族传统，即好的文化教养、为社会尽到责任、维护家族的荣誉。而平民百姓同样也有着列祖列宗的传承，即人穷志不穷，清白做人、老实做事，不能给先辈祖宗丢脸！所以无论贵族还是平民追求的应该是同样的精神境界。

由此让我想到了手表的收藏也应该透着这样一种精神！很多朋友问我："拥有多少块手表才算是收藏家？"这可就把我难住了！其实我想这和解读"贵族"背后的含义有些近似，这应该和数量多少无关，与价格贵贱无关！这之中精神的、文化的、知识的吸收肯定应该超过物质上的拥有。比如我们之中有些朋友对军事很是入迷，对军舰、飞机、坦克、大炮以及各种型号的兵器枪械都能讲得头头是道，资料了如指掌，但我相信他们喜爱及乐在其中的只能是知识上的获取，而绝对不可能是实物上的拥有，尤其在中国收藏几把仿真枪都不是件容易的事。说到这又让我转回前面所讲的"手表收藏家有标准吗？"其实我认为没有，只有"富"与"贵"的区别。从某种角度讲有人在数量上会收藏成百上千块手表，其价格分分钟超过千万，没钱是做不到的，这无疑是个有钱的富人收藏家。而能有几块十几块手表的朋友，价格加起来也就几万元钱的爱表人士，在我们周围绝不在少数，但他们也并不见得就是穷人。可以讲在喜爱手表的圈子里，钱多钱少当然是有区别的，但这顶多只是一种经济实力的区别，这种区别并不会对收藏本身的内涵有什么影响。因为在收藏圈子里我个人认为大概分成两大部分：一部分是"商人"，而另一部分是"贵族"！

那么到底怎样区分手表收藏中的"商人"与"贵族"呢？例如有的收藏者拥有成百上千块手表，但他只记住每

块表买来是多少钱，现在值多少钱，亏了多少，挣了多少，可以讲他肯定是富商类型的，因为他只是一个把手表作为投资工具的"有钱生意人"！和这样的人谈手表他最多讲给你听的是哪一块是最贵的最值钱的，哪一块买的时候多少钱，现在赚了多少钱，亏了多少钱。这表上边镶的钻石中方钻多少粒多少克拉值多少钱，比圆钻贵多少钱。这块表某个名人明星也有一块，所以更加值钱等等。完全围绕着赚钱与赔钱，这和聊炒股票、炒黄金、炒地产去挣钱没什么大的区别。当然数量多的手表收藏家也并不都是这

种收藏态度，但终究让人感觉到，那么多手表，成百上千块的手表不是少数啊！每块手表你都能记得住吗，每块手表的特点你都能想得起来吗？每只手表你都戴过用过吗？那么多品牌，那么多型号你能如数家珍地讲出来吗？如果你能，那你绝不只是商人，而是"商业奇才"了，可是到今天我还真没机会碰到这种拥有成百上千块手表的"商业奇才"！

对于那些拥有几块十几块几十块手表的朋友，我碰到的却很多。和他们聊手表是一种交流，是一种传递，是一种分享。交流爱表的心得，传递手表的知识，分享手表艺术带来的精神享受。说到有个朋友专收一个品牌——欧米茄，而且只收藏运动计时表与潜水表，数量有三五十块吧。我佩服他的是，他能一块表一块表地说出生产的年份、机芯的型号、机械的特点、手表的此种型号与前后型号的不同之处，当然还能说出品牌历史、特点、设计理念这些最基本的手表知识。而且他能讲出为什么收藏这个品牌，这个型号，那些充满个性的答案与理由让你更加觉得他爱表是那样痴迷。让你觉得他知识的丰富已超过了手表的价值，他本身得到的享受是金钱买不到的！《贵族与平民》的那篇文章中讲到：不论你是有钱人还是穷人，你都应该在精神上是一个"贵族"。同样在手表爱好者的圈子里，有的人哪怕自己只有几块手表，当看到别人手上戴着的手表、别人收藏的手表也同样会兴奋、会共鸣、会欣赏、会分享！因为这些人做到在物质面前没有失去自己做人的"尊严"，因为"爱"不一定要拥有，能与别人分享也是一种爱，这也是贵族精神的一个特点！

　　我过去当学生时学过，人与动物的区别是"会用火"，当我不断地成长，进入社会之后我发现人与动物的区别其实是"要面子"的区别！尤其中国人身上比西洋人身上的毛少很多，可以讲从猿到人进化得更好，所以"要面子"就更加厉害了！但对"面子"每个人都有不同的理解，就说国内有一些喜欢手表的人，他（她）们喜欢名牌手表（当然还有其他名牌奢侈品），其实是为了"面子"的因素多！但是"面子"并不是建立在虚荣与奢侈品之上的，因为这种"面子"是纸做的，和钱一样很薄，一捅就破，一撕就裂！我前面所讲收藏手表不能围绕着"富"，那只是一种物质的，而应该围绕着"贵"！因为这是一种精神的，是无价的。有了这种"贵气"即使是平民也会得到尊重，也就是说即使他只有几块手表甚至没有手表，但他爱手表，他对手表的了解是那样的全面，对手表的认识是那样的渊博，我一样称他为手表收藏家，因为他收藏的东西都在心里，他一定是手表收藏家中的"贵族"！

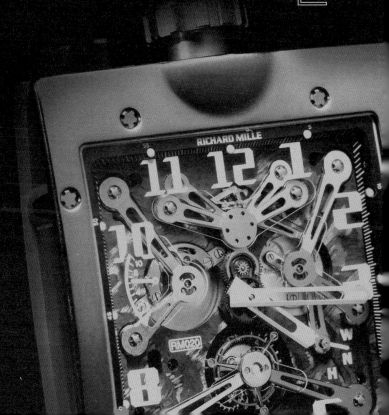

手表收藏中的『眼光』

Random Talks on Watch : A Sequel

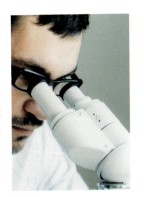

收藏界是很讲究收藏"眼光"的！眼光是否犀利，是否看得准，是否去伪存真，都是相当考眼力、考功夫的，否则一看走眼就会上当受骗，行话叫作被"打眼"了！

收藏界是很讲究收藏"眼光"的！眼光是否犀利，是否看得准，是否去伪存真，都是相当考眼力、考功夫的，否则一看走眼就会上当受骗，行话叫作被"打眼"了！尤其在古玩、玉器、字画这些收藏领域里，被"打眼"事例数不胜数。市面上也有专门的小说讲被"打眼"的故事，很多都出自真人、真事、真案例，很值得喜爱收藏的朋友一读，以增长知识，积累经验。

但是在手表收藏方面被"打眼"的事例就很少听说了，其原因我认为不是玩表的人如何聪明，也不是骗子太笨，而是仿冒造假很难以假乱真，并且鉴定真假伪劣也相对容易，鉴定的机构也很多。如果真

能做到和那些高级品牌手表里里外外难分真假，尤其是多功能复杂手表连机芯都做得一模一样，那绝对可以说又一个新的独立制表大师诞生了！当然手表收藏中不是没有伪货、假货、冒牌货，尤其是一些大品牌的仿货还是很多的，有些连保修单、出世纸、镭射水印防伪标志都提供得很齐全，外观表盘比"珍珠还真"，足可以假乱真，但只要打开后盖看看里面的机芯就原形毕露了！当然鉴别古董手表会稍难一些，但也难不到哪儿去，有品牌的古董表送回品牌公司一查记录也就清清楚楚了。那些没品牌的也查不出什么出处与记录的古董手表也就没什么收藏价值，也就没有人收藏，自然也就没有造假的必要了。

其实对手表爱好者与收藏者的朋友来讲大家都会很慎重小心，很少听说有上当受骗的！真有上当受骗的一定是"贪念上身""想占便宜"而下手买了假表，或者当"名贵"礼品收下不知真伪的，否则很少被"打眼"。当然也因为喜欢收藏手表的朋友都会不断提升自己审视与鉴赏的眼光，我想原因有二：一是手表收藏的朋友

都会有自知之明，自己不熟知的领域不去碰；二是都会不断学习一些有关手表的专业知识，特别是对自己喜爱的品牌、类型的钻研，尤其收藏知名的大品牌手表。为什么收藏知名大品牌是众多手表爱好者主要的目标呢？就是因为这些品牌的历史记录非常清楚，甚至记录到哪年哪月哪日在哪个地方的门店卖给了谁。这些品牌的手表每一块都有编号刻在机芯上留存记录，以便今后翻查并利于回厂维修保养。当然在收藏界也有人讲买多了，被"打眼"的次数多了，学费交得多了就成收藏家了！我不知道其他领域的收藏家是不是这么成长起来的，但我相信收藏手表这条路绝不会这么走出来！因为买真手表、买正牌手表是很容易的事，没必要去"江湖"上闯荡，去冒这个被"打眼"的风险。

那么手表的收藏中"眼光"怎样体现呢？怎样才算是有眼光的手表收藏家呢？我认为其实很简单，就是把眼光放得长远一些，这就是一个有眼光的手表收藏家也是手表爱好者必须具备的条件，同样也是比较重要的收藏理念之一。很多人认为数量是手表收藏家的基本条件，我并不同意这种"以量取人"的说法，也就是说手表的收藏只看数量顶多只能说明财富雄厚而已，最重要的是看收藏的时间，收藏的时间长久才能体现出精神层面的富有。因为收藏手表本身就是精神在时间上的一种物质的反映，而这之中经过时间的沉淀、日积月累、时间越久越能吸收到精神层面的"养分"，随着时间的长久，数量也会相对增加，这个数量要建立在长久的时间与历史中才有意义。听说国内有个玩表的人一两年的时间收藏了两百多块一线品牌的手表，几乎一个星期买两块。我想这位朋友不是有眼光，只是有钱！当然这位仁兄如果持之以恒，十几二十年也是相当了不得了，这就不只是有钱了，在有财富实力的基础上真正地体现出他收藏的眼光与恒心。

2015年有个欧洲的收藏家去世后，他的遗孀将他收藏了近30年的3000多块斯沃琪手表（SWATCH）拿出来进行拍卖，这3000多块的数量不是少数，关键是他眼光的专一与独到，更重要的是收藏时间的长久！斯沃琪手表自1981年面世他就是忠诚的"粉丝"，在近30年的时间里他有选择地一块一块地收藏直到自己离世都没有间断过。斯沃琪手表本身虽然以塑胶外壳电子机芯为主，算不上什么高级手表，但它的特点就是不断地追赶潮流、引领时尚，并且经常聘请世界

知名的艺术家亲自参加设计制造富有收藏与纪念价值的作品。就如同斯沃琪的总裁讲的"充满好奇心，大胆、勇于接受新事物，让自己的生活独一无二，更重要的是与别人分享这个想法"。这就是斯沃琪手表的内涵与品位所在。值得一提的是每一款新表推出市场时价格都相当大众化，从几十元美金起，最多也不过一百元美金左右。这些与众不同的特点使其很快疯魔世界，深得普罗大众的喜爱！而三十多年后的今天也证明了此收藏家的"眼光"，并在拍卖的结果中得到认可，多人争购这一用时间记录下来的收藏历史，其拍品的价格超出了数倍之多，这充分说明眼光放得越远越能体现出收藏者本身的品位与修养，同样，精神与物质的财富也就随之而来了！因为收藏不是急功近利的，不是杀鸡取卵的，不是炫富的，更不是暴发户式的。

现在爱旅游的朋友走遍世界，回来大家经常谈到一个体验，就是当我们看到一个城市的发展，几年之内建

再多再新的高楼大厦也只能说明当地有钱，但从文化与历史的角度上讲比不上一个古老的小镇厚重！大家深深地被欧洲那些古老小镇吸引而流连忘返，回味无穷。收藏手表需要的眼光我想就和政府保留城市古迹一样，它体现出世界上古老小镇的那种韵味、自然、纯朴和内涵。收藏手表也是如此，艺术的设计、传统的制作、历史的沉淀都是重要的，为什么有些收藏家一直持有一种态度"贵精不贵多，持之以恒"，就是这个道理。

手表收藏中的乐趣

Random Talks on Watch : A Sequel

现在一说到"收藏"就会让人想到:"那一定要有钱""是有钱人才能玩的""收藏没钱不行"!其实这些想法过于简单与浅薄,这只是对收藏的一种直观与世俗的认知。

现在一说到"收藏"就会让人想到:"那一定要有钱""是有钱人才能玩的""收藏没钱不行"!其实这些想法过于简单与浅薄,这只是对收藏的一种直观与世俗的认知。其实"有钱"并不是收藏的前提,收藏的前提必须出自"乐趣"!没有乐趣的收藏其实是苍白无味的,就是有味也只是一些"铜臭味"!可以说,所有的收藏一定是要建立在乐趣的基础上,并且由始至终、持之以恒地贯穿着。其实无论收藏什么,自己没有乐趣就不可能有动力,没有动力也就不可能长期坚持下去!因为几天的热火劲、新奇感一过,或者碰到这样或那样的困难、挫折就会前功尽弃、半途而废,打道回府了。只有乐趣的支持,并不断地培养增添更多的乐趣,这样的收藏才会有生命力,才会茁壮成长,才会开花结果!

那么乐趣是什么呢？从字面上解释，乐就是快乐、欢乐、乐在其中，趣就是兴趣、情趣、趣味相投！说直白一些就是能使你"快乐的兴趣"。由于这种收藏能让你快乐或与人分享这种快乐，甚至让更多人享受到这种快乐，这就是各种收藏的前提、过程和目的了。一句话"自始至终地贯穿着乐趣，并且不断自我充实、不断与有共同爱好的朋友交流、不断和大家分享"，这才是真正的收藏！

说到手表收藏，我是从以下几个乐趣开始的。

首先是观赏与把玩的乐趣。手表的外观和式样的吸引是给你直观感觉的第一个乐趣，因为每一个人对身外之物的喜爱必是从第一眼、第一印象，从外观开始的。外观你喜不喜欢，看到以后是否吸引你，让你兴奋、雀跃，甚至爱不释手，这都是非常重要的！一句话有没有"电"到你，尤其男士对机械的天生热爱，女士对精制的灵巧的物件也会多几分兴趣。当然能再把这些让人叹为观止的小机械拿在手上摆弄、触摸的感觉，贴耳听听那轻快、清脆的机械跳跃的声音，那种与心跳共鸣的节奏，再用十指触摸到亮丽光滑的外壳，那种肌肤的接触，使自己对机械操弄的好奇及天性的喜爱，在不断的看看、摸摸、听听、戴戴中得到满足，这些过程都将给你带来赏心悦目的快乐感觉，增加了你的生活情趣，提升了你的审美能力。

二是学习与研究的乐趣。通过感观、视觉与触觉从而调动你更多更强烈的好奇心，增加更多的兴趣及求知的欲望，就自然而然地想做深一步的了解和认识。你喜欢的这块手表

的资料、背景、风格、特点、品牌历史等一切来龙去脉。你已不只是满足它的外表，更想探索它的内心。它除了外表讨你欢心之外，它的机芯的特点、功能的范围，包括什么材质、加工制作的过程，与其他手表机芯有什么不同？它的特点、特长、特色是什么？很多细节你都想了解得一清二楚，了解得越多就越加爱恋，越加动心。你会从这种求知、探讨、学习与研究的过程中获得无穷无尽的知识，上至天文，下至地理，以及文学艺术、自然历史、运动科学、军事探险，甚至冶金矿产各种材料等等包罗万象，这种学习与研究增长了你的知识，开拓了你的眼界，使你的生活更加多姿多彩，更加充实快乐！

三是寻找与获得的乐趣。人的本性贯穿的是一个"爱"字！而"爱"的一个原始本能是拥有，怎样能从无到有呢？一般在寻找与获得之前都会考虑到自己的能力，当然包括经济能力！对很多收藏家而言，经济能力是可以量力而行、应己而施的，根据自己的能力，有计划地存下自己的零用钱，节省下自己日常的一些可消费可不消费或少消费的金钱，就可以去买下自己的所爱了。当然在存钱的过程中，还要花一些心血和时间去收集目标物品的价格信息，货比三家，这种搜寻的过程、淘宝的过程也是一种乐趣（我之前有篇文章专门讲到怎样做好功课去买一块自己喜欢的手表）。再有是去专卖店买新表，还是二手店买旧表，或者去拍卖行参加竞拍？无论用什么途径，当自己喜爱的手表有一天变成自己的囊中之物，那种喜乐心情有时半夜睡不着觉也会多次打开台灯在灯下把玩欣赏，我相信很多朋友都会有这种经历与体会。当然什么时候存够钱，最后决定在什么地方买，这个"蓄势待发"到"大功告成"的过程同样也是一种乐趣！

四是分享与增值的乐趣。从爱到拥有，这是人最初级的本能，而升华到将自己的拥有与朋友们分享，这之中乐趣才是一种境界！这和炫耀完全是两回事。炫耀完全是物质上的，想炫出富有、透着铜臭、透着低俗、透着爆发的嘴脸让人一看

而知！而分享就完全是一种物质之外的传递，那是一种自然的、无私的、有感染力的、有共同文化区域的传播。自己拥有的手表戴在手上的时候得到别人的认同，并向你询问更多的是手表的特点，了解更多的是手表的知识，包括这块表与你的性格、外表、身份及生活圈子的匹配，这种认同感再加上朋友、同伴的一句"给我戴戴试试！""我戴得怎么样？""在哪儿买的？"这就是分享！有的会更进一步询问你为什么会买这块表，它好在哪儿，这个品牌有什么特点……这就是在分享。对手表爱好者来讲，分享心得、交流体会、传播知识、从中享受快乐，这是一件多么美好的事情啊！有些朋友会说收藏手表可以增值！我想首先要搞清楚增值的是什么？是金钱增值呢，还是精神增值？只讲金钱我说"未必会增值"！但金钱之外，我谈了那么多给自己带来的"乐趣"难道不是增值吗？给自己增加了那么多的知识难道不是增值吗？让自己生活更加丰富多彩不是增值吗？有人讲"收藏家的人寿命比常人长"，如果真是这样不就更是增值了吗？金钱买不来健康！只有快乐才能使你更加健康，与人分享你的乐趣，大家快乐了，增值也就肯定有了。手表收藏中的乐趣就在于此。

各显神通的手表行业

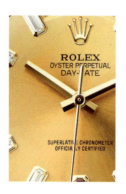

Random Talks on Watch : A Sequel

说到有上百余年历史的手表行业现在真是百花齐放，但市场的激烈竞争又使得百花丛中有花开花落！也就是说这个行业虽然有着上百年的历史，经过岁月与时间的考验，有的手表工厂和品牌直到今天江湖地位无可动摇，有的却沉沉浮浮花开花落，有的甚至已凋落或烟消云散了！尤其是过去的几十年，手表行业在受到电子表、石英表的冲击之后，艰难度过的市场寒冬，大浪淘沙再次以传统的、精美的手工工艺赢得了广大顾客的喜爱，争夺回应有的市场，新老品牌不断地推陈出新、发扬光大，使手表制造业更加欣欣向荣地向前发展。大家从这些年瑞士的两大表展就

说到有上百余年历史的手表行业现在真是百花齐放，但市场的激烈竞争又使得百花丛中有花开花落！

117

可以看到，规模一届比一届大，参展商、参观者一届比一届多，呈现出人丁兴旺、生意兴隆的一片新气象，整个行业是生机勃勃、蒸蒸日上。就是这样的一个热气腾腾的行业情景，让更多的企业发现这个行业潜藏着无穷的市场和更多的商机，使得其他行业的品牌也先后进入手表的这个行业中来锦上添花、凑凑热闹、"分一杯羹"！

当然最早是珠宝首饰行业涉足手表，这其实也不用多讲，因为珠宝首饰与手表本身就有着一定的"血缘"关系。手表从历史上讲就是从珠宝首饰中进化演变过来的，这两个行业的互补互配已经有近百年的历史，他们之间你中有我我中有你不足为奇。像卡地亚（Cartier）、海瑞云斯顿（Harry Winston）、宝格丽（Breguet）、蒂芙妮（Tiffany）等都是珠宝首饰行业中历史悠久的名牌大家，一直在手表制造上下了不少功夫，也花了不少本钱，而且确确实实对手表的发展做出了不少

贡献，在手表行业中也建立了自己应有的江湖地位，从历史上讲，涉足最早的这些珠宝首饰品牌在手表行业的成绩是有目共睹的，对手表行业的发展做出了不少贡献。而近些年来又有一些其他行业的品牌"捞过界"，先后用自己的品牌出产手表，这些品牌过去与手表毫无关系，他们中包括书写工具、皮包皮鞋、时装、美容化妆品等行业的国际知名品牌也都开始进入这一行业，值得注意的是他们不是"小打小闹"，而是大张旗鼓地下功夫花本钱，认认真真在手表行业上大展拳脚。当然借助自己品牌的知名度再去发展任何新的商品去追求利益与利润的最大化，这是市场经济和商品经济的精神与本质，这是一个好现象，百家争鸣嘛！而且他们也的的确确是在做手表，有的品牌做得比自己原来的商品、原本的行业还好，像德国书写工具大王万宝龙（Montblanc）自从开始进入手表行业，这几年生产出的手表比他们的钢笔卖得还红火，比他们的钢笔做得还漂亮还精美。这个有代表性的成功例子充分说明手表行业的前途大家都在看好！

不过今天我要讲的是另一个完全新兴的行业，当然它和几十年前的电子表、石英表是不一样，它有更多的功能，更多的信息，它是一个能戴到手腕上的高科技智能装置，生产它的厂家管它叫"手表"，但我一直认为不是能戴到手腕上的有计时功能的就叫手表。其实它只是一个从手提电脑、手提电话，发展到手腕上的装置而已，只是那些厂家、商家们把便携式装置向可穿戴领域发展的产物。它真的不应该叫"手表"，以免混淆视听！其实它应该叫"智能手带""智能手链""智能手镯"，叫什么都行，但千万千万别叫"手表"。我可以对那些准备发展这种智能装置或者把小电脑、小电话放在手腕部位的厂家、商家们一个忠告：如果你叫它"手表"，今后不易推广、不易营销、

不易大卖！因为你们讲这个小智能装置是块手表的话，将会污染了手表行业这个"生态圈"，也将会造成电子行业的"生态危机"，也把自己搞得四不像！对人对己都没什么好处。其原因有三：一是四五十年前电子、石英计时器（那时功能只是计时，所以叫电子手表、石英手表），虽然风靡一时，但前后几年还是传统机械手表当家。大家是否记得20世纪四五十年代的计算机，你放在桌子上、放在书包里还觉得不方便，非要放到手腕上，那时"计算机手表"面世了。现在大家看看周围如果谁手腕上戴了那么一块有计算机装置的"手表"，此人肯定是从火星上下来的"另类高级生物"才对。第二，时尚化、潮流化总是与年轻化紧密相连的，但时尚与潮流不会永远年轻，到那时最辛苦的是这些高科技厂家，需要有新的创意不断地迎合更新的时尚与潮流，也许到那时这些智能微型电脑装置会发展到大腿上、脚腕上、手指上甚至鼻子上，那时又叫什么呢？第三，任何一种装置，从单一功能到多功能一定要"适度"，定位一定要清楚

准确！尤其电子产品有些功能是否有普遍的实用性，他和机械手表是完全不可比的，机械手表功能越多越复杂越好，因为体现了手工制造的工艺难度与艺术价值，而电子产品就完全不一样了，离开了"方便"和"快捷"就失去了生命力！说说SLYDE这块电子装置式手表吧，我们还可以讲它是机械手表的电子版！让你满足了用几万块钱来拥有几百万价值的多功能手表的心愿，但我对它的市场前景还是持保留意见。就功能而言，那些打着手表的名称，其实只是"配上一条表带的微型手机"，只是一个"腕式电子智能装置"。这么一个多功能装置放到手腕上，真不知道你是对着手腕在看，还是在听，还是在说。别小看经常抬起手腕的这些动作，每天次数多了时间长了还真是挺累的，分分钟得肩周炎或腕关节劳损都不一定。而屏幕小了，看的内容多了，眼睛不累吗？连手机都在不断向大屏幕发展，所以千万别叫它"手表"了，俗话说："不怕生错命就怕起错名。"你们说对吗？

机械手表会继续『贵』

Random Talks on Watch : A Sequel

有些朋友时常问起我："为什么
现在手表那么贵？"我总是讲："有
便宜的啊！"讲到这我也会问自己：
"多少钱算便宜？多少钱算贵呢？"

有些朋友时常问起我："为什么现在手表
那么贵？"我总是讲："有便宜的啊！"讲到
这我也会问自己："多少钱算便宜，多少钱算
贵呢？"的确，贵与便宜依各人经济条件不一
样，不同的经济背景，不同的消费态度对贵与便
宜都有着不同的标准！但无论什么背景、什么态
度、什么标准，我都认为现在手表比过去贵了很
多！为什么会比过去贵很多呢？其实这也不用解
释了，现在有什么商品是比过去便宜了呢？除去
电子的产品更新换代，其它根本没有！最多是比
过去贵多还是贵少的区别。但对手表来讲除去原
材料的涨价，加工制造费用的增加，品牌及广告
推广费用的提高，当然再加上通货膨胀等等经济

因素，"贵"肯定是一个趋势！但是我想很多人没有注意到机械手表的贵还有一个重要因素，就是坚持"传统"也是增加成本的一个重要原因！尤其一线品牌、独立制表师的手表更能反映这一因素。因为"传统"随着时间的变迁也会越来越贵，尤其现今对维护"传统"、保持"传统"、发扬"传统"也是需要不断地使用金钱的！当然我们指的是好的传统、优秀的传统、正能量的传统，那么"传统"在手表中是怎样体现的，在手表制作中占什么地位，会让手表更贵呢？其实可以很简单地讲：就是用人手制造，而不用生产线、不用自动化、不用电脑高科技！当然，手表制造业中大量使用自动化、大量采用流水线、生产线生产的机械手表也不在少数，但骨子里它们还是离不开"传统"，总是某一个部分或某一个程序必须坚持传统。当然，使用非全手工制作方法生产的手表也比过去贵了，但不像那些坚持传统制造的手表那么贵，终究是水涨船高，相互影响！

"传统"在手表中首先反映的是制造工艺，其次是设计理念，三是加工的程序。通俗易懂的解释就是制造工艺是用人手完成，当然这"人手"绝对不是普通人的手，必须要有至少五年以上经验的人和手才有资格一表一人地从头到尾打磨组装。设计理念也是万变不离其宗的传统，

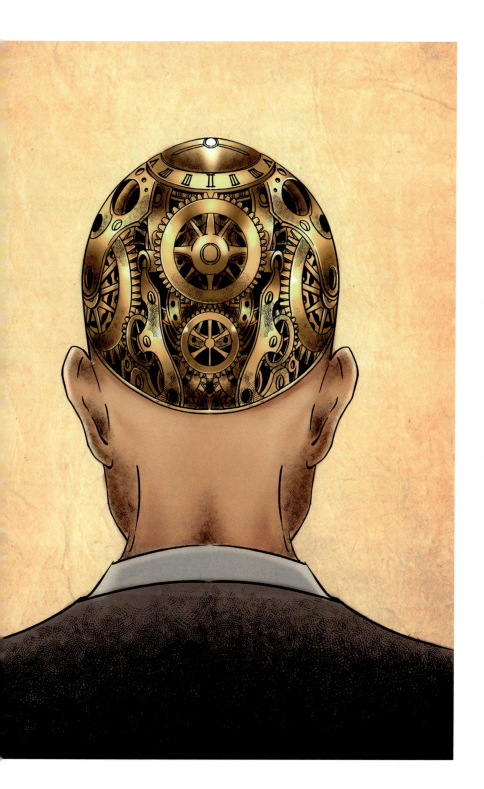

像"陀飞轮""芝麻链"这种古老得有上百年历史的独特设计，直到今天都不过时，还是会再次使用在今天出产的机械手表中，而且现在只要有这些传统的设计装置的手表肯定都不会便宜。加工的程序也是百年不变，有些机械手表几百个零件按严格的程序加工组装完成后再去测试，上下左右平放倒放，各走二十四个小时，然后再一件件拆散再组装再测试，以提高手表的稳定性与精准度。由此看来，好的机械手表只要是用"传统"来制造，其产量绝对不会多，也多不了，因为真是要用应该用的时间来制造出这些时间机器，想缩短一天甚至一个钟头都是不可能的。因为有"传统"在这把关，所以根本不可能"偷工减料"！过去我看到中国工艺品那些"巧夺天工"的各种手工雕刻，都会为那些老艺人、老师傅、老工匠用自己的双手一刀一刻，用几个月甚至几年的时间才做出一件作品惊叹不已！为什么艺人、师傅、工匠前我都加上"老"字，因为这之中珍贵的就是老"传统"，这种传统的工艺制作过程表现出来没有任何虚假，全是真材实料！从小工艺品再讲到大的，我们都会为几千年的中国的万里长城、埃及的金字塔的雄伟而感叹！因为那时没有机械只有人手建造的奇迹，就是在现代科技、现代机械面前你都会更加觉得过去的工匠们有多么伟大，用传统的人工，肩拉、背扛、手推造出的至今地球上最雄伟壮观的人工建筑是多么的了不起，我想就是在今天，无论任何国家、任何财团或者大富豪们，无论他们如何如何有钱，都不可能再用那些传统的方式重现或重造如长城、金字塔之类这些伟大的世界建筑珍贵遗产了！

从人们用传统方式制造各种珍贵物品，我联想到"人"本身如果也继续保留及发扬传统，那人也将会成为"珍贵"的人！当然我指的是好的传统、优秀的传统、正能量的传统，有了这些传统的人肯定会受到尊敬的"高贵"的人。现在人们经常提到"英国的贵族"有着什么传统精神，讲到贵族中的"贵"字，其实那贵与财富没有太大关系。那个贵就是家族的传统"牺牲与奉献"！讲讲中华民族的优良传统，现在又有多少人传承呢？前些天碰到一位老师在讲现在的一些学生是"新的没学多少，旧的全忘了"！我们知道台湾所有的学校门口都有四个字"礼、义、廉、耻"，其实这就是老祖宗留下的做人的传统！人们经常讲人与人生下来是平等的，但是人怎么又会有高贵与下贱之分、君子与小人之分呢？因为人与人的成长过程是会有区别的，区别在哪儿，我们过去讲此人有文化、有教养、知书达礼、尊老爱幼。其实简单地讲就是这四个字；有没有"礼义"？知不知"廉耻"？有礼义知廉耻的人一定会比没有的人要高贵、要君子！这就是人与人之间的区别。所以一个人怎样保留传统、继承传统、发扬传统在当今这种物欲横流、道德丧失、价值观错位、高科技互联网引领人性走向复杂的今天是多么重要啊！我们经常讲要学会增值自己，其实增值的并不只是增加知识，现今人们的知识有的都用不完了，其实人最需要的增值就是优良的传统！在自己身上多一些修养少一些世俗，多一些礼义少一些轻浮，多一些文化教养少一些不学无术。其实我们的社会就像一块精美准确的机械手表，我们每个人就像里面的零件，所有的零件按传统打磨精细，组装完美就会形成一个理想的社会。人人都有礼节、讲道义、尚廉洁、知羞耻，这个社会一定和谐，一定幸福，一定梦想成真。手表会继续贵，但我希望人应该比手表更"贵"！因为这个社会贵人越多，我们的社会就会越美！

欧洲之行『看』时间

Random Talks on Watch : A Sequel

很多人的欧洲之行是去看建筑、看文化、看历史、看艺术、看博物馆、看风土人情……而我却是去"看"时间！

很多人的欧洲之行是去看建筑、看文化、看历史、看艺术、看博物馆、看风土人情……而我却是去"看"时间！其实上述欧洲的一切怎么能和时间分开呢？并且你注意到没有，在欧洲任何一个城镇的广场，无论广场的规模大小都会有一座钟楼，无论这座钟楼修建的年代有多么悠久，那个时钟都在走着，而且都走得很准时。由此可以证明这些钟楼都是有专人负责管理，并且定期维修保养，所以状态都很好。就说伦敦的标志性的建筑之一，最有名的大"笨"钟楼吧，要历史有历史，要建筑有建筑，要艺术有艺

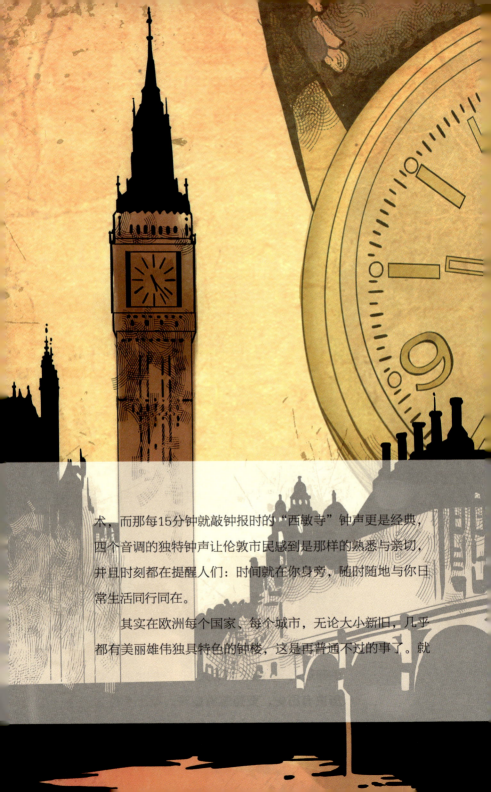

术，而那每15分钟就敲钟报时的"西敏寺"钟声更是经典，四个音调的独特钟声让伦敦市民感到是那样的熟悉与亲切，并且时刻都在提醒人们：时间就在你身旁，随时随地与你日常生活同行同在。

其实在欧洲每个国家、每个城市，无论大小新旧，几乎都有美丽雄伟独具特色的钟楼，这是再普通不过的事了。就

是在那些历史悠久的小镇上，教堂准点敲钟报时的习俗也保留至今，它不只是宗教人士祈祷的钟声，也和当地人们每天生活起居分不开。由此看来时间早已融入欧洲当地的历史、文化、艺术和生活中去了。在欧洲，我总感觉到时间恢复了"正常"，不像在亚洲，时间和人们一样匆忙奔波，好像天天都在追赶着什么，有杯咖啡也是拿在手上边走边喝，吃快

餐已成为人们日常的生活习惯。同样也不像在南美洲，时间与人们一样懒散悠闲，好像天天都有大把的时间让你消磨，一杯咖啡看日出，半杯红酒看日落能让你坐上半天，一顿晚饭能吃上三五个钟头。反而在欧洲，时间给你的感觉像是完全恢复了正常，正常的节奏不快也不慢，正常的频率不急也不缓，正常到让你有充分的时间好好地欣赏时间给你带来的一切！

　　我准备了一年多的欧洲旅游，想从另一个角

度去看欧洲的时间。有人会问现在这个信息互联网时代要"准备一年多"？不可能吧，但的确真是用了这么多时间。近些年很多亚洲人开始参加海上邮（游）轮旅行，并且已成为一种时尚的度假潮流。新婚夫妇，全家老小，祖孙三代出行，已经把过去坐邮轮似乎只是退休人士才有兴趣采用的这种旅行的方式给彻底改变了。我的微信上经常看友人坐了什么公主号、女王号，去了地中海、加勒比海、阿拉斯加，而我却不想再去坐邮轮了，因为我怕几千人排队上下邮轮，每到一个旅游地点又几千人再排队上下几十部巴士，再排队去参观。可能秩序会很好，但一定要

用"等待"才能换来的！我更怕几千人在船上吃那三顿自助餐，天天过着人头涌动、热闹的"嘉年华"！所以我选择了人要少得多的河游，去游欧洲著名的多瑙河。2013年3月报当年8月的游船之旅，但想不到旅行社讲早已客满了，一定要提前一年报名才行，我当即决定报2014年8月的船期并交了订金，就这样直等到2013年底才得到游船公司确认舱位。

多瑙河是欧洲非常著名、美丽且流经国家最多的一条河，要了解它上谷歌网站或《国家地理》杂志就行了。而我要讲的还是"时间"，整个七晚八日的游览活动，无论在

河上还是在岸上，无论上船还是上巴士，时间的
把控让你感觉很舒服，我不用"轻松"与"紧
张"来形容，我用"舒服"两个字。正如前面讲
到的时间恢复了正常的节奏与频率：不快也不
慢，不急也不缓。要知道全船100多名游客几乎
是50岁以上的中老年人，年龄大的不讲，腿脚
不便的不说，只是上船下船、日常三餐、游览景
点、自由活动，给的时间都让所有人感到舒服与
享受，从而让所有活动既能守时又能准点。

先讲船的航行，你只要了解到多瑙河上有大大小小几十个船闸要通过，而且有的只能一条船一条船上下单行过闸，你就知道时间对这条欧洲最繁忙的河流是多么重要！难怪船长第一天介绍时就讲到准时的重要性，因为每条船都有通过每个船闸的具体时间，早到要等，迟到晚到有时分分钟要再排队等上约一小时，故船长要掌控好开船、航行的时间，每一段路都要准时。再讲团友吧，我们参加过旅行团的朋友都有一种体会，那就是时间不是自己的，是前面拿旗子的导游的，

有一种紧张、被动、匆忙，好像是被牵着走的"老牛"，或像是被赶着跑的"鸭群"的感觉，一天下来就是一个字——累！如果再碰上几个没时间观念、低素质的团友迟到成了习惯，那就更可怕了！但这个河轮游我就完全没有这种体验与感觉，大家自觉地遵守时间，领队合理地掌控好时间。每个团友在登船报到时都会收到八天活动的目录与注意事项，

而每晚都有第二天活动的详细内容及时间表送进你的房间。考虑到团友不同的生活起居习惯，早餐从六点到九点随时进餐，上岸活动分成八点半、九点、九点半不同时间出发，并给你几个不同类型的选择，有"运动""正常""慢

行"，而且每个团都有各自的地方领队，所以团友可以根据自己的兴趣、身体状态而选择参加不同的团，就是去同一个景点，你都可选择不同的团。比如我需要照相取景走走停停，会慢一些会脱离大队伍，所以有两个美丽小镇游我报了"慢行团"拍了不少照片。而另有一段河岸风景独特的路程，我想"走马观花"就报了"运动团"二十公里全部骑自行车，最终领队都会按时间的要求准时到达集合点、准时到达码头、准时开船出港。其实我在想无论你采用什么方式旅游，重要的是如何自由地享受时间给你带来的一切！

无论你现在是青春健康还是年老体迈，无论你是在为生活工作还是已退休养老，

其实对时间的态度都应一样，就是珍惜每一天，善用每一时，过好每一刻！尤其是去欧洲旅游，在那些历史悠久的小镇上漫步，你一定会沉浸在环境既清静又祥和，生活既充实又轻松的气氛里，你还会随时聆听到清晰的报时钟声，感受到生命中多姿多彩的"频率与节奏"，这就是我要讲的去欧洲看"时间"的理由吧！

『科技殖民』的时代

Random Talks on Watch : A Sequel

在此我真不想谈政治，因为立场与角度的不同，"真理"与"是非"就会完全不一样，包括对"民主"与"自由"的解释也会完全不同！

进入金秋十月，香港还是很闷热，闷热得让人心烦，虽然中间下了几场小雨也没能让人舒服一些，反而更让人上火！因为这段日子对香港市民来讲是烦闷加气愤，因为"公民抗命"使过去井然有序的几条主要交通道路都被堵塞了，上班族要提前出门，迟到甚至不能到的现象已成常态，约人见面不是改时间就是改地点，有些商铺、餐厅甚至不能开门做生意，一句话香港大多数人这段时间的生活与工作都受到不同程度的影响。在此我真不想谈政治，

因为立场与角度的不同，"真理"与"是非"就会完全不一样，包括对"民主"与"自由"的解释也会完全不同！但我只想表明一个观点：没有法制的民主，给我也不要！更何况用违法的方式去争取。所以还是希望早日恢复法制与秩序才对。

　　最近香港热闹的地方不只是大街上，还有中环的"苹果专卖店"，那里也是人头攒动、人山人海，这种场面也真让我有些想不明白。外边的人多，是为了争取"一人一票的民主"，而里面的人多又是在争取什么呢？争购一人一部的苹果手机。一件商品能火爆成这样？不就是个手提电话吗，一个普普通通的通

信工具就让这些人主要还是年轻人如此疯狂、如此膜拜、如此追崇！由此看来当今的年轻人都有一些共同的特点，不管对"民主"也好，还是对手机也好，都是相当热衷与追求的。苹果6的面市所掀起的热潮也就在情理之中了。更有甚者，这间公司的销售还采用"吊胃口"方法，在不同的区域与国家分期推向市场，中国那么大的市场都排在新加坡后边！使那些想尽快"尝鲜"的果迷们更加疯狂。我在苹果4和4s推出的时候就在想"那些旧苹果3怎么处理？"现在苹果6又出来了，那些苹果4和4s还有挺新的苹果5和5s又怎么办呢？这些"旧"机将面对着什么下场呢？被抛弃、被淘汰、被贱卖、被遗忘！对使用者来讲不断有新机面市，就不断会有旧机的退市，这就是麻烦。苹果公司难道就没有提出怎么回收处理他们这些旧款手机的办法吗？当然也有二手旧机商贩在回收旧手机转卖到其他地区，但半年一年之后，价格已无利可图的时候又怎么办呢？由此看来一些生产

手机的公司如果只会不断地制造"惊喜",而不会去处理留下来的"麻烦",那么使用的用户想要的惊喜越多,自己要处理的麻烦也就越多!这种因果关系讲大了,美国政府对中东的政策是这样;讲小了,苹果公司对顾客也是这样。哈哈!又谈政治了,还是回到文章标题要讲的内容继续讲苹果吧。前边讲了手机现在再讲手表,苹果公司已是当今最大的手机和电脑制造商了,它的决策者、管理者早已看到市场不可能永远是苹果这两种产品的天下!要想让苹果迷们能继续追求苹果的产品不能只靠iPhone与电脑,一定要尽快拿出更新更潮的产品投放市场才行!所以苹果手表(Apple Watch)在做了一年多的广告宣传之后隆重推向市场,想让所有的苹果迷们有着不间

断地"惊喜"！我过去写过一篇文章讲到"不怕生错命，就怕取错名"，一个放到手腕上的高科技智能装置，你非叫手表（Watch），这不是添乱吗？这不是张冠李戴吗？这不是污染传统手表行业的"生态"吗？而且苹果野心还不小，它不仅想要取代手表，还准备把办公室、健身房、体检中心、股票交易、银行理财、影视音乐、新闻气象几乎日常生活中的一切

都搬到你的手腕子上，通过你的视觉、触觉、听觉来占领你的身体从而控制你的全身。有一个很熟悉的名词用在这里我认为真是太适合不过了，他们把这叫作"殖民"，"殖民你的身体"！人们常讲"水能载舟也能覆舟"，这个苹果"手表"横空出世有着那么多功能，那么多"惊喜"，我想同样会不知不觉地给使用者带来更多的"麻烦"！因为像这样的东西真不应该戴在手上，反而应该植在手臂里或用手术缝进人的身体内才行，否则一不小心丢了或被人偷了，那使用的人麻烦可就大了！我讲得并不过分，你只要仔细地想一下就会发现，一旦使用了它，并且将自己的生活一部分，包括你

的身体状况、经济状况、社交状况都交给它之后，开始感觉到它给你带来的方便越来越多的时候，你觉得挺好用，已经离不开它和依赖它的时候，其实你已开始"泥足深陷"不能自拔了！这和吸毒有分别吗？一个是违法的上瘾而依赖，一个是合法的习惯而依赖，一句话"离开一会儿都难受"！苹果的推销者还告诉你这块"手表"将会永不下线（Never Offline），永远贴你身，那就更可怕了！一旦失去这块高科技智能"手表"，哪怕没电了、坏了、失灵了、有病毒了，那分分钟就是"脑溢血"，分分钟变"半身不遂"，分分钟成"植物人"！因为从某种程度上讲真实的你与虚拟的你已模糊得难分清楚，已贴身得难已脱离了。

前一段时间我放大假去了欧洲，真正享受只有手表看时间，而没有手机电话的十几天美好时光。开始还真有些不太习惯，尤其头几天有些"坐立不安"，有种"缺东少西"的感觉，但是当你开始习惯了没有手机电话之后，你会发现和你的另一半有了更多的时间聊天与相处；没有手机电话之后，你不用吃着饭跑出去听电话，而每顿饭菜都更容易消化；没有手机电话之后，你慢慢品尝红酒会感到杯中之物香甜上口……那时你才会感觉到有时没有了这些"高科技"，生活反而充实了许多，头脑反而清净了许多，精神反而轻松了许多，而人也快乐了许多！其实可以讲现在有很多人都得了"手机依赖症"，这是现代都市人非常容易患上的"顽疾"！怎样治疗呢？很简单，让你的手腕上戴一块真正的机械手表，而千万别戴那些打着手表名称的高科技智能装置，因为它将殖民你、占领你、控制你、掠夺你！世界是在不断地进步，所以殖民地已成历史，独立运动已让殖民走向灭亡了，而现在"科技殖民"的时代，人类怎样独立？怎样不去做科技的奴隶？这只有人自己才能决定了！

尊重时间的规律

Random Talks on Watch : A Sequel

这个马年一转眼就快跑完了！
时间过得太快了，尤其年过半百的
人似乎更觉得这后半生的时间过得
更快，真有些光阴如梭的感觉。

　　这个马年一转眼就快跑完了！时间过得
太快了，尤其年过半百的人似乎更觉得这后半
生的时间过得更快，真有些光阴如梭的感觉。
这种感觉不知是留恋过去的人生呢，还是盼
着明天会更好，反正"人生如梦，转眼即是百
年"。其实时间本身并没有快也没有慢，还是
一个小时60秒、一天24小时、一年365天。我
们有这种"快"的感觉是因为现在的生活内容
丰富了，资讯发达了，吸收与处理的信息量大
了，所以时间就不够用了。大家对现在手里的
钱有这样的体会：几百块钱一花出去还没买什
么就没有了，这钱不够用是"通货膨胀"。时

间也是如此，一天下来还没做什么事已经到晚上了，时间也不够用就是"通事膨胀"。对待"通货膨涨"从个人的角度你可以努力多挣钱，也可以节省少花钱。但对"通时膨胀"就没有别的办法，因为时间不会多给你一分钟，也不会少给你六十秒，你只有珍惜时间，善用时间，并且尊重时间的规律才行。黑夜过去就会是白天。

再讲手表行业这些年为迎合中国市场，设计出一些中国元素的产品迎合市场。最多见的是十二生肖表，也是追着时间跑。马年一走羊年就到了，让那些手表制造的厂家们每年都在绞尽脑汁，蛇年就开始想着马年，马年才开始又想着羊年，总想早做计划，提前准备。其实我认为有些事物真没此必要，因为每一年情况都在变化，事实证明生肖表并不是年年都好卖。讲到这儿，我想说的就是"无论你是做什么的，无论你是年轻还是年老，你都要与时间同步，与时俱进，不能快也不能慢，不仅要尊重时间，更不能违背时间本身的规律。当然你可以提早准备、提前安排，但必须根据时间本身的规律，一分一秒走、一时一刻地来、一步一步地前进，所以顺其自然也是尊重时间规律的一种态度！

讲到时间，就讲到当前香港的"公民抗命"已持续两个多月了，看来一时半会儿也不会完全从占领地区散去。虽然给广大市民日常生活带来了诸多的不便，但反对这种"违法抗命"的大多数香港市民对年轻的学生还是相当包容的，当然混在学生里面的也有些"搞阴谋有野心的人"，

所以政府也在平衡利弊，否则不会拖到今天！世间万物包括政治、经济都有其自身的规律，这种规律的最大特点就是"时间"！违背了时间的规律就会付出代价，但往往有些人就是不信邪，总想与时间抗衡，最后付出惨痛的教训。历史上这样的事例很多，"德国的闪电战""美苏的太空竞争"都是人们想快一些得到什么，但最后以失败告终。当然类似的事情常发生，凡去赌场越想"快赢快走"的输得越惨。而有本钱想慢慢玩下去的，无论时间

多长到最后的下场大多数也是输光了不
走也必须走。这充分说明对时间的拿捏
是多么重要，何时快，何时慢，何时
进，何时退，并不是靠野心、雄心、贪
心、痴心就能做到的！因为时间不会以
人们的意志而改变快慢，更不会停止，
何况是"赌徒"。因为时间有它自己的
规律，你必须遵守与尊重。

　　其实任何事物都需要一个过程，
都有它自身发展的规律，都需要时间的
运作。当你听到这些年轻人慷慨激昂地
讲着民主诉求时，在敬佩他们如此"热
情与无畏"的同时，又感叹他们是那样
"弱智与无知"！这些青年人都不会反
对美国这个民主国家，但他们并没有好
好研究过美国总统并不是"一人一票"
选出来的。而美国的"真普选"按美
国1776年7月4日的《独立宣言》，到
1789年正式生效的《美国宪法》，再到
1862年《解放奴隶宣言》的制定，占
美国公民一半的妇女直到1920年8月26
日美国《宪法》第19条修正案规定"美

国公民投票权不得因性别而被剥夺与限制"之后才真正拥有投票权，争取这个投票权走了近150年的时间。而美国黑人的投票权直到1965年美国正式通过"确保少数族裔投票权"的《选举权法》才得到真正实现。可以讲，美国做到真正"一人一票"的"真普选"走了近200年的时间！

又谈政治了，没办法，当前每个香港人都无法置身于事外，就我上下班都要比平时多了一两个钟头，为了这些时间我也谈点政治，因为在遵守法律的前提下，民主只有时间自身的规律才能解决，这个民主进程我们必须尊重！

珐琅制造艺术卧虎藏龙

Random Talks on Watch : A Sequel

我平时经常阅读各类手表杂志。最近看到一本我一直很喜欢也很有水准的手表杂志，但被里面那位编辑总监的一段话刺痛了！这之后我心情一直不能平静，内心五味杂陈不是滋味，想了想还是写出来感觉会好一些。这位总监的话是这样讲的："我认为，在这个天才配额已经用尽的时代，我们还能够拥有一个Anita Porchet，着实幸运无比。"但凡看完这句话的人首先想知道这位让人"着实幸运无比"的Anita Porchet是何许人也？那就先用一句话介绍一下："Anita Porchet女士是当今在西方珐琅制造业中的一位比较活跃的、大师级艺术家，其作品被多家顶级手表品牌使用。"所以其他领域无须紧张，也无须不爽！我想这位杂志编辑总监是为了突显这位当今在国际上比较知名的珐琅艺术家的分量，"故意"语出惊人而已。

我平时经常阅读各类手表杂志。最近看到一本我一直很喜欢也很有水准的手表杂志，但被里面那位编辑总监的一段话刺痛了！

其实语出惊人倒没有什么关系，但千万别吓人！总监这句话有些语病，第一，应该讲明只是在珐琅制造这个领域，而不是音乐、歌舞、雕塑等其他的艺术领域，更不是其他科技领域，否则每年诺贝尔医学、化学、物理学等奖项就没几个天才去领了。她不讲明什么领域，会对那些不知头不知尾的其他行业的"天才"不公平，同时会孤立了Anita Porchet女士这位行业中的领军人物，从而使她有"高处不胜寒"的感觉。更何况在瑞士并不只有她这一位珐琅艺术的天才，积家表厂御用的珐琅制造大师Miklos Merczel先生同样也是让我们"着实幸运无比"的天才！第二，这位总监还用了"在这个天才配额已用尽的时代"！这句话更加让人心脏有些承受不了，难道"天才"还需要"配额"吗？是谁发这个"配额"？并且还是"配额已用尽的时代"！好在"天才"还有"限量版"，还有这么一位女天才"存世"！其实这位编辑总监的一句短短的"吹捧"之语，她自己可能陶醉其中，可是让其他听到看到的人感到迷茫与不解。这到底是什么时代？这不是"人才辈

出"的时代吗？这不是"后生可畏"的时代吗？这不是"青出于蓝而胜于蓝""长江后浪推前浪"的时代吗？而且她还加上这一句赞叹："着实幸运无比"，让你感到似乎今后人才枯竭、后继无人、前途黑暗，天才已绝！真不知这位总监是"故弄玄虚"呢还是"哗众取宠"？总之有语病无逻辑的这段话引起了我的注意。

熊松涛先生与父亲

其实说到珐琅制造业，在东方、在日本、在中国当今卧虎藏龙的大师就有不少，这些人难道不是天才吗？只是"酒香也怕巷子深"，总监鼻塞没闻到罢了！其实"天才"就是"天赋加勤奋"，从普通人的角度讲"天赋就是天然的拥有不一般资质的人"，而被公认是天才的人又都会谦虚地说"我只是比别人勤奋罢了"！今天简单地介绍一位"天赋加勤奋"的中国珐琅制造艺术大师——熊松涛先生，这是一位三代祖传的、年轻的珐琅传承人。熊先生的祖父于清朝末年就在北京通州的皇家珐琅造办处工作坊内学艺，专为清朝宫内制造珐琅器物与用品。二十世纪五六十年代熊先生的父亲又接过这一艺术绝活的传承重任，并一度将其发展到北京地区最大的景泰蓝制造生产企业。熊松涛先生大

Random Talks on Watch : A Sequel

171

学毕业之后恪守家族的理念与前辈的宏愿，接过家族的使命全身心地投入这一古老而精湛的工艺制作行业中，并且更加努力地将珐琅制造工艺发扬光大，精益求精，完美传承！熊氏的作品在大中华地区赢得极好的口碑，也受到国际上同行业的关注，其作品早已是收藏家的收藏目标。熊氏珐琅的特点是做工精细严谨、图案生动细腻、色彩艳丽清纯、层次分明立体、质感通透柔和。无论是大器瓶罐还是小件的配饰镯坠，件件作品体现出玉的温润、瓷的细致、珠宝的华贵，让你看到出自"天才"之手的作品就是与众不同！

珐琅工艺其实并不是中华老祖宗留下来的，他是随着中国瓷器、丝绸、茶叶走向西方的同时，由西方带回东方的舶来品。这一外来的工艺在元代开始就被聪明勤劳的中国工匠发扬光大了，到了明朝的景泰年间珐琅制造的工艺技术更加炉火纯青。由于蓝色珐琅为当时王室所喜爱，所以加上当时的年号又有了个中国特色的名字叫"景泰蓝"，其实也就是"景泰琅"被同音字讹称了。珐琅工艺制造不外乎用这几种技术表达：内填珐琅、微绘珐琅、掐丝珐琅和通透掐丝珐琅，有些人总想将这几种技术分出哪一种容易哪一种难，其实从手工艺制造的角度来讲，从人手加工的角度上讲都不是一件容易的事！就说"内填"的手工技术吧，如果不用机器要在铜胚、银胚上用人手把图案刻空出来，深浅要均匀，填壁的薄厚也同样要均匀，这就相当有难度。尤其是在小器上做珐琅工艺要比在大器上更加困难，讲到微绘、微掐丝、微内填，这个"微"字就最考功夫，需要精准与精确的手艺。眼力视力不好可借助放大镜，但绘画、掐丝、填色、烧制等只能靠人的双手来完成，制作时哪怕手有轻微地颤抖都不行！尤其对"微"的上色更不是一般对颜色的控制那么直观与简单，因为烧制前与烧制后的颜色会有很大的区别，这就要靠天才大师的实践与经验来完成了。所以一件好的珐琅作品尤其小件作品从绘画、掐丝、上色、内填、烧制等等工序上都需要经过多次的、反复的成功才能接近完美，只要其中的一次失败就会前功尽弃。可以讲，一件好的作品是由无数次完美的细节累积而成的，更何况将珐琅艺术放到直径只有方寸大小的手表表盘上，在这有限的面积上展示丰富的图案与瑰丽的色彩，这不单需要精确细致的手工，更要适合手表特点的设计与构图，才能成为一件巧夺天工的手表精品让世人戴在腕上欣赏。其实讲这么多就是想说一句话：中华民族也是出各类天才的民族，这些天才着实让这个民族幸运无比！

我的时间我的表

现在很多产品、很多行业、
很多领域都在讲"个性化"，都
在讲"量身订制"，都在讲"私
人服务"。

现在很多产品、很多行业、很多领域都
在讲"个性化"，都在讲"量身订制"，都
在讲"私人服务"。就连"时间""手表"
都开始"个性化"了！讲到这儿有的人会
说："老兄你无知！手表品牌预约个专门的时
间，请有关的大客户、VIP来店里看新款手
表早已有之，按客人的私人要求专门订制特
别版的手表更是早已有之，为客人订制"个
性化"手表，对！这些我是知道的，而我其
实要讲的不是这个意义上的"个性化""量
身订制"和"私人服务"。

三十年前我在香港认识个朋友，后来他全家移民去了美国就断了联系。但是他给我留下的一个印象至今不忘，并影响着我对时间的态度。那是什么印象呢？很简单，他手上戴的手表永远比正常时间快十分钟！我问他为什么，他讲："习惯早做准备，习惯提前安排，习惯掌控好自己的时间，这样我会更准时。"这短短的几句话让我对时间有了更"个性化"的认识，对时间的掌控有了更自我的态度。这就是我此篇文章的标题《我的时间我的表》。

　　的确，从时间的角度上讲任何人都是平等的，无论你多么有钱，富可敌国，也无论你多么有权，统领天下，但对时间而言，再多的金钱、再大的权力都无法改变这一年365天、一天24个小时、一小

时60分钟的永恒规律！虽然人们在面对时间与空间的时候，是那样渺小而无法自主，更加无法改变因自己的年龄不断增长而出现的不断衰老，在大自然面前更加无法掌控自己的生死命运。但是从个人而言我们难道不能控制自己的生活与时间吗？难道在死亡来到之前不能更充实地安排自己生活的内容吗？我认为是可以的！因为每个人对自己生活的每一天、每一个小时都会有不同的安排，有精彩有平淡，有"个性"有"私人""量

身"来安排属于自己的时间，过好自己的生活。就因为"我的时间"就要有一块"我的手表"，而每个不同的"我的时间"就要有不同的"我的手表"。

讲到"我的手表"，其实每个人都可以根据自己对时间的要求而有多种选择，我前边讲的总戴着比别人快十分钟的手表的朋友就是这样解决"我的时间我的表"的。当然手表这个显示时间的工具，从它出现的那一天起就是为了个人自身的方便和实用而诞生的，据记载，手表就是为了一个挑战天空的飞行员看时间方便而从怀表改装而成的。为了配合不同的使用者，手表制造商会根据不同职业、不同爱好、不同的要求生产不同功能的手表，左手表、右手表已经是最简单的个性表了。有可供盲人用的，可供医生用的，可供不同的人需要的手表，像最常见的潜水表，就是很多品牌都相当重视的一个表款。讲到潜水表，很多人总把注意力放到潜水表的潜水深度上，是50米、100米、200

Random Talks on Watch : A Sequel

米，还是500米甚至更深超过1000米，其实对潜水员来讲潜水表超过500米只是一个数字而已了，也只能证明手表在制作上的一个工艺难度，一个技术标准而已，对潜水员本身已无任何意义了！因为人本身的闭气潜水最深的世界纪录也就110米，用水肺装置潜水的世界纪录最深也是330米，而普通人玩潜水30米左右已经相当不错了！那么你戴个可潜500米的潜水表又有何用呢？所以潜水表对潜水人员来讲，首先操作要方便，其次是在水里要容易识别时间及读数。像宝珀（Blancpain）的一款潜水表，当然有潜水表共同的功能，既可转动显示剩余潜水时间的外圈，还有专为潜水者设计的用机械测量深度的功能，有一个指针可指示深度到90米，而在0~15米之间误差只有30厘米，并且还有减压用的5分钟的逆跳计时功能。这块表对潜水爱好者来讲是一块真正的我的手表。

其次对登山爱好者来讲，独立表牌Breva出的一款专为爬山爱好者设计的手表，除了时间功能以外，这款表还具备机械测量高度显示计，其海拔高度可以显示到5000米，并且还有用以预测天气的气压计，单这两个功能已对登山爱好者非常实用了。其实喜爱滑雪的朋友也

可以把它变成为自己的手表，因为表背上刻着世界有名的主要滑雪胜地的对应海拔高度。让你随时了解海拔高度、气压的变化对自己体能及肺活量的影响，直正掌握好自己时间。这是一款真正可以救命的手表。

　　足球运动是一项相当普及的大众化体育项目，无论你是在场上踢球的，还是坐在看台上看球的，两个四十五分钟的时间对所有的参与者来讲是多么重要！随着比赛的激烈，总有人会觉得赛场上的大电子钟似乎太快或者太慢了，而低头看自己的手表。所以手表品牌宇舶（Hublot）的一款手表，专门在表盘非常明显的位置加上一圈四十五分钟的指针刻度显示，并且可扣除换人暂停的时间段，让你对球赛能更加身临其境，对球赛的时间更加掌控自如，真正做到是一块足球发烧友的手表。

以上几款"我的时间我的表"都是百分之百的机械手表！还有更特别的机械手表，可以冲破时间的规律让你暂时脱离时空，陶醉在真正的"我的时间我的表"之中，宇舶还出了一款型号为MP-02 Key of Time的手表，你可以自己定制时间，也就是说你可以控制时间的快和慢，并不像我前边讲的那位朋友将指针调快或拨慢5分钟、10分钟，而是人家正常的表一个钟头一个钟头的走，而你是15分钟15分钟地活，也就是说你这块表比别人多出四倍的时间或只有四分之一的时间可用！听起来有点时空错乱，自欺欺人！但的确又能满足某些人超脱现实的感觉，真正做到"我的时间我的表"了。

时间、手表、高尔夫

Random Talks on Watch : A Sequel

任何运动其实都和时间有着不
可分割的关系！

　　任何运动其实都和时间有着不可分割的关
系！当然有些竞技运动是比远、比高、比分数
的，似乎又和时间联系不大，但是仔细想想还是
和时间分不开，因为运动员本身的体能如果长时
间运动也会出现透支，都需要在自己体能最佳的
时间状态中发挥出最好的成绩来，所以任何运动
都需要有一个时间段，一个时间的约束与限制。
当然像百米跑、赛车、游泳等本身就是比速度，
看谁用的时间最少，而足球、拳击、射击等运动
虽然比的是分数，但都需要在规定的时间里完
成，所以任何运动都会用时间来贯穿始终的。

讲到高尔夫球这项运动与时间的关系时，不知大家是否知道这项运动从时间上讲其实有着不小的争议？有时你问那些不喜欢打高尔夫球的朋友"为什么不喜欢"，大多数的回答都是"一打就是半天，太浪费时间了！"据统计，全球每年因为"时间太长"而退出这项运动的人近三百万。的确没有一项球类运动要打

四五个钟头的，也没有一项运动比赛要连续比四天才能知道输赢的！但是你只要是爱上高尔夫球，对打球的朋友来说一般都不觉得四个钟头太长，反而认为没有任何一项运动能那么"快"就过完四个多钟头。而且谈到对这项运动的参与，也没有任何一项运动可以让你能打到八九十岁。有人会说八九十岁也可以打太极拳、练气功啊，是的，但那些在原地的运动怎么可以与户外要走几公里（即便有球车坐）的高尔夫球运动相比呢？当然还是有些运动的时间比打一场高尔夫球还要长，比如钓鱼也是一项运动，往往也要半天一天。登山的运动时间可能会更长一些，几天十几天都有。但是这些在大自然中的运动，只有高尔夫球这项运动的参与者和欣赏高尔夫球比赛的观众人数是最多的。这种与大自然亲密接触的户外运动，能在近几年十几年中普及且人数不断的增加，有时想想这到底和时间有没有关系呢？值得大家注意的是下一届在巴西举办的国际奥运会已正式把高尔夫球列入比赛项目，就这一点足以说明高尔夫球的普及性与受欢迎的程度了。

讲到喜欢打高尔夫的朋友，绝大多数人都认为能在四个钟头左右打完是很正常的，是完全能接受的运动时间。大多数打球的人认为一场四个钟头左右的高尔夫运功应该是"快走慢打"来完成的，但也有人认为应该是"快走快打"，而几乎没有打球的朋友认为"走和打"都要慢下来！其实慢与快的关键是这个运动要有一个适合的"节奏"，节奏本身也就是速度的均匀，而节奏的掌控也就是打好高尔夫球的关键！节奏掌握好了，速度均匀了，所需的时间也就顺畅了。其实很多打球的朋友并不完全知道高尔夫球对运动员每一次挥杆击球的时间是有限制和规定的，尤其正式比赛，一次超时的"慢打"会被警告，再超时的"慢打"就被罚杆，第三次就会被终止比赛。由此看来时间对高尔夫这样的运动来讲是相当重要的！对一个用杆数来决定胜负的运动，罚杆已是"极刑"的处罚了，所以说掌握与控制好时间对球手是多么重要！那么到底打高尔夫球每一杆的击球时间应该是多少呢？怎么才算是"慢打"呢？按高尔夫有关的规则要求，从站到球前准备到挥杆击球出去，前后应该在四五十秒之内完成。有些比赛会根据参加的人数多少和赛事特点进行缩短，裁判会限制运动员尤其有慢打记录的人，每一次从站在球旁准备到挥杆将球击出，要在三四十秒之内完成。其目的就是为维护绝大多数打球人的节奏、速度与时间。所以讲在时间上的控制，让高尔夫球这项运动能在四个钟头左右完成是相当完美了，能让打高尔夫球的人掌握好节奏、控制好时间这项运动就会相当有吸引力。对一个城市人来讲，现在的生活如此紧张忙碌，而且是高科技左右生活，足不出户也可以工作，也可衣食无忧，对在水泥森林中生活的都市人来讲，能与大自然接触是件多么难能可贵的事！要知道喜爱打高尔夫的朋友能约上几个知己在大自然的户外度过半天的时间，是一件相当有益的又赏心悦目的事。

　　讲到这就讲到手表，有几款手表是专门为高尔夫设计的，当然现在有GPS功能适合打高尔夫球的电子手带装置不少，在此不是我要讲的范围了。我讲几块手表品牌生产的适合打高尔夫球的人戴的手表，像卡地亚（CARTIER）品牌的一款表盘上有四个双位数跳字窗口的手表，其功能除了看时、分、秒之外，还可以记录四个同组人员的杆数，既实用又方便。

总统牌（REVUE THOMMEN，又译梭曼牌）在十几年前也出过一款给球手一个人用的记杆数的手表，表盘上有三个扇形窗口分别是一到十（×1）位记杆数，再由十到一百（×10）位记杆数，这两个扇形窗口的计杆数是最常用的，而对有些新球

手要打到一百多杆，那第三个窗口（×100）
记杆数就可以用上了。要讲专为打高尔夫球而
制作的手表应该是瑞士品牌JAERMANN &
STUBI（暂时还没有中文名）最专业了。他
们的几款手表都是为打高尔夫球而设计的，其
中一款在表盘上有纪录每洞的杆数及标示出
十八洞的总杆数，还有逆跳指针显示打过多少
洞，还剩多少洞。另一款用旋转表圈来方便球
手记录下每场球局比较让杆的差点功能。当然
这个品牌也考虑到高尔夫球场长度在国际上有
两个量度标准，在欧洲球场是用米（M）计量
长度，美国球场用码（Y）数计量长度，而在
亚洲两个量度都有，让球手有时会由于习惯而
错判距离。这个品牌就特别设计了一款Trans
Atlantic的手表，在表圈上有米与码的对照刻
度，方便打球者对不同的球场随时精确换算出

球洞的长度和距离来适合自己的习惯。当然戴着这些手表打球的话，手表的防震功能一定要有！在这方面做得比较突出的应该说是Richard Mille。（听说有中文名但是公司不喜欢用），它的一款038型号手表是专为高尔夫球运动员设计的有"陀飞轮"的手表，轻巧大方、超强抗震，白色表壳是用镁铝合金制成，虽然这只手表上没有其他打高尔夫球的特别功能，只是时、分、秒，但有"陀飞轮"装置的手表，戴在打高尔夫的专业运动员手上，它还是第一家。

凡是打高尔夫球的朋友都会同意打好高尔夫球的关键是掌握好"节奏"，而手表本身的运行关键也是节奏！虽然一个是运动项目一个是机械计时器，两者风马牛不相及完全是不同"种类"、不同"领域"、不同"圈子"的两项事物！但是你发现没有，他们都有一个共同的"灵魂"，就是在不断地追求着"稳定"和"精准"！爱打高尔夫球朋友一定会体会到"稳定与精准"会给自己的打球成绩带来什么结果，而喜爱手表的朋友同样用"稳定与精准"来评价所有机械手表的优劣！所以高尔夫与手表这两样有着共同的"灵魂"的事物就产生了千丝万缕的联系。你看几个大的手表品牌，像劳力士（Rolex）、爱彼（Ap）、欧米加（Omega）等都有自己的高尔夫球队和以自己品牌冠名的国际比赛，而且自己品牌的形象代言人很多都是高尔夫球界的重量级球星，这就充分说明时间、手表、高尔夫的关系是何等亲密！

手表的寿命

Random Talks on Watch : A Sequel

其实任何物质都应该是有寿命的，只是长短之分。就是物质不灭定律，它也会变成其他形态存在了。

谈手表的寿命之前有几个时间段是要先了解一下：（1）人类对时间，也就是对"日夜"的最早应用大约在六千年前就有记载；（2）用"漏刻"的方法对时间的记录大约是四千年前；（3）机械式的"钟"最早出现，有记载应该是在1270年后期的意大利；（4）钟的缩小版"怀表"是在1510年首次出自于德国工匠之手；（5）"手表"的出现，最早的记载应该是1806年拿破仑夫人让宫廷工匠特制给王妃们佩戴的"小怀表"式的手镯；（6）第一块真正的"手表"应该是1868年的百达翡丽为

匈牙利的一位伯爵夫人订制的；（7）大批量的手表生产应该是1885年德国政府向瑞士订制的一批军队用的手表。从这几个时间段看，其实手表出现也只有不到150年的历史，1885年生产制作的那批手表还有一两块存世，机械还能运转，也只能讲这一两块手表的寿命只是130年而已！但如果真能有上百年的古董手表存世至今，那就太珍贵、太稀世了！

其实任何物质都应该是有寿命的，只是长短之分。就是物质不灭定律，它也会变成其他形态存在。时间可以永恒但记载时间的任何物质都将有其生命的终点。就说手表吧，到底寿命能有多长？能否传世后代？真像品牌宣传的那样，"不但长伴身旁，还是传家风范"！也就是说手表本身的品质与质量能让这只手表还可以继续传给下一代或几代佩戴使用，多少年之后这只手表还能正常运行，还能准确指示时间？那才可以说这只手表是长寿。当然手表的寿命也应该是衡量一只手表是不是好表的最基本的条件，戴几天就坏了，或运行不准误差很大，或时停时走甚至不走了，那这只表再名贵再名牌都不会是一块好表。讲到这儿让我想到一个国家的人均寿命也是衡量一个国家是否国泰民安、国富民强的标准之一。因为人的寿命是和生活环境、生存条件分不开的！这需要社会的安定、经济的发达、环境的卫生、医疗的保证，

Random Talks on Watch : A Sequel

人才会长寿。看世界卫生组织对一百多个国家的最新统计，排在前面的几乎是发达国家，而排在中间的一般都是发展中国家，而排在后边的不言而喻都是一些落后的国家，像非洲贫穷饥饿、多灾多难怎么可能会是"长寿"的国家呢？这里面无须分国家大小，首先经济发达是一个关键，其次是政治稳定、环境清新、社会祥和、医疗卫生条件完善等等因素。

讲到手表的寿命，其实道理也很简单，这里不必分公司大小，更不必分名牌与否，就看投入了多少资金，是否精心制作，使用了什么好的材质物料，品质检验是否严格，这些是好手表诞生的关键，这些是"先天"的条件，另外购买与使用者是否精心佩戴和细心收藏，是否定期保养及时维修，这就是"后天"的条件了。这"先天"和"后天"的条件就决定了手表的寿命！尤其近20年来手表制造商在"先天"上下了不少功夫，在制造手表的材质上花了不少心血，其目的就是让手表能更精准，品质更优良，寿命更长久。所以手表制造从内到外更是大胆地使用了"永恒"的材质，采用陶瓷、炭纤、钛、钨、钯、镁等等合金做外壳，还有各种听都没听过的稀有金属做机芯零件，让手表不单要做到防磁、防水、防震、防尘、防磨损、防氧化、防腐蚀，最后做到防"衰老"！我相信手表制造业

Random Talks on Watch : A Sequel

这些年来但凡按上述"先天"态度去生产的手表，对购买与使用者来讲又能在"后天"方面做好保养与"养身"，手表的寿命绝对比人的寿命要长很多。按世卫组织统计的数据显示：全球人口的平均寿命已经从1990年的64岁增加到2011年的70岁。手表好像没有这方面的统计，依我个人大胆预测：2011年之后所制造的手表，比1990年之前制造的手表平均寿命至少要长50年！

纸媒会『死』吗？

Random Talks on Watch : A Sequel

我的上一篇文章《手表的寿命》是通过"纸媒"发表的，其实我所有的拙文都是通过"纸媒"发表的。

我的上一篇文章《手表的寿命》是通过"纸媒"发表的，其实我所有的拙文都是通过"纸媒"发表的。尤其这五年来，真是要感谢《THE WATCH》这本"纸媒"杂志给了我继续发表文章的机会和平台！看到家祥君的《纸媒已死？》文章之后，感触甚多！无可否认，在这个高科技、电子、通讯、传媒智能化越来越强势的年代里，什么传统的行业都面临着这些高科技的挑战！尤其是"老旧"的资讯、传媒、出版行业更是经历着

"腥风血雨"的考验！当前的高科技是一把双刃剑，利弊各有所在。大到先进的国防科技受到电子"黑客"的威胁而苦以防范，小到个人离不开手机、电脑得了痴迷的"网瘾症"而无法自拔！人类正在面临一个科技挑战传统的新时代、新世纪，这种大浪淘沙的势头真是来势汹汹！但是我相信，在这个地球上人类的智慧还是在万物之上的，人类不会愚笨到自己制造一个毁灭自己文化的科技工具，同样也不会发明一些破坏甚至毁灭自己传统的科学技术。人类一定会不断修正自己发明创造的科技产品，完善自己科学领域，借助这些高科技使自己的生活更快乐、更轻松、更健康，事实上人类也是在不断地努力。

　　当然在上述的大趋势的影响下担心"纸媒已死"也不足为奇！可是让我们翻翻历史：秦始皇

"焚书"的时候根本不会想到当今世上的书刊多到可以填平他多少个兵马俑的大坑！再看看现在，微软视窗软件"出世"的时候，也有人夸下海口"今后将会是一个无纸的办公世界！"但是今天我们的办公室电脑旁却同时又多了一部打印机，每家公司都会有一两台复印机，A3、A4尺寸的纸张其销量与用量比电脑应用之前多了很多。历史与现实可以充分说明"纸媒"的生存有着历史与社会的基础，有着文化与习俗的保护，有着其他载体无法替代的地位，有着人类对它的热爱与认可的身份！当然在"网媒"兴起的今天"纸媒"会受到冲击，但绝对不会死，反而会活得更风光！大家都知道，对一个强调传统与文化的城市，建立图书馆和博物馆是必须要有的。尤其图书馆，有的城市在居民居住的小社区都会有图书馆和阅览室，图书馆的规模大小就可以说明这个城市的文化底蕴有多少！全世界知名的大学有很多评分的标准，其中有一项很重要的指标就是看图书馆的规模与藏书的数量！在国内的大学图书馆几乎都有几百万册以上的藏书，而美国仅哈佛大学校区就有90多间图书馆，共计收藏各种图书资料超过1600万册。我举这个例子就

是想说明传统的文字、纸张、书刊的阅读
与收藏还是主要的，同样也是必要的！否
则放几台大型电脑，准备几个大存量的硬
盘不就行了。当然电子图书现在也非常普
及，好处是查阅快捷，携带方便，便于收
藏，容易整理、存档、归类！但是阅读原
著，手捧图书，那种传统看书、看报、看
杂志的习俗将永远无法被替代！原因何在
呢？很简单，传统的阅读能让你思考！能
让你在读书、看报、阅览杂志的时候有时
间梳理思路，寻找更多的思维方法和更好
的思维方式，从而让你的"思考"更丰
富、更深入、更全面。而上网更多的是寻
找信息，索取资料，尽快拿到结果，这和
享受阅读消化知识完全是两回事！电子、
网络、云端储存只是搜索和查找的一种工
具，一种方便与快捷的工具而已！就如同
机械手表与电子石英计时器的区别，虽然
功能都是看时间（电子表的功能可能还会
多一些），但两者有着本质上的区别，一
个是一件高科技的工具，而另一个是文
化，是传统的精美的艺术作品！这方面所
有的机械手表品牌都可以讲出一大堆和电
子石英表之间的区别来，尤其受过电子石

英表冲击，走过那段艰苦的、低迷的、前途暗淡的年代，而最后熬过来的机械手表品牌更有体会。

今天"网媒"的兴起，又有着当年电子石英表那种虚张声势、来势汹汹的样子，但已不再可怕了，就像最近苹果的Apple Watch出现一样，各大传统机械手表品牌已淡定和理智了很多。最近两位非常有前瞻性的获得过2013年诺贝尔经济学奖的著名经济学家，提出了现今社会中的"蒙骗经济学"理论，是非常值得关注的。他们精辟地指出，在当今的"信息"科技中最容易产生"蒙骗"，通过互联网、智能手机、社交网络让人们变得更加"愚笨"。简单地讲。就是商人、商家、商业机构用各种高科技工具与手段来分散我们的注意力，从而骗取我们盲目的、虚荣的、好奇的、贪婪的"无用需求"，而达到他们追求利润的目的！随着各种智能产品出现在我们日常生活中，让我们眼花缭乱、心意零乱，虽然我们表面上在专注着手机和电脑的屏幕，但内心和精神上的"专注"与"集中"却完全被转移、

分散、蒙骗掉了！这些电子智能产品，这些方便快捷的互联网产品，已经静悄悄地控制住了我们以往专注的心，就像从一个安静、高雅、聆听歌剧音乐的大厅中把我们带进热闹狂欢的嘉年华广场上一样。而往往电影院、音乐厅的专注让你都不敢大声咳嗽以免引起别人的注意，而在狂欢喧闹人头涌动的广场上，却让你"忘乎所以"而"乐极生悲"。由此充分说明，"纸媒"能让你专心地去阅读，安静地去思考！而"网媒"会让你心烦意乱、多情兴奋、忘乎所以！其结果往往就会是这样"轻轻地拍着你左边的肩膀，悄悄地偷走了你右边口袋里的金钱"。

机械手表在你每天为它上链和校准时间时候，它给你带来的乐趣是电子石英计时器无法替代的。同样多读书、多看报、多阅览杂志给你带来的乐趣也是"网媒"无法替代的。人是所有物质的主人！我们经常听到不要变成"金钱的奴隶""时间的奴隶""电脑的奴隶"！但没听过人看书看报会变成"奴隶"的！因为当文字和纸张被人类发明的那一天起，它就忠诚地伴随着人类的发展，记载着人类的历史，你说它会"死"吗？

猴年的手表市场会怎样？

都说今年的猴年是"金猴"！将会怎么吉祥，怎么兴旺，怎么福禄！

都说2016年的猴年是"金猴"！将会怎么吉祥，怎么兴旺，怎么福禄！我也不懂紫微斗数，更不懂八卦运程，连《易经》的简易读本都看不懂，是一个真正的凡夫俗子！我只是感觉这个猴年会相当的难过，如同《西游记》中的师徒四人去西天取经，猴子孙悟空一路上是最辛苦、最忙碌、最操劳的一个，而且有时费心费力却不得好报！你看看元旦过后一开年股票跌、油价跌，当然按农历年"立春"算猴年还没到，也只是羊年尾，但是各行各业都不太乐观。

刚刚在瑞士日内瓦举办完的高级手表沙龙展SIHH传回来的消息：用"传统"捍卫行业！用"立新"站稳市场！一个"捍卫"一个"站稳"，看来猴年手表行业也要像孙悟空一样"辛苦、忙碌、操劳"了。SIHH展览上几大名牌推出的新表款都围绕着传统设计，不敢轻易搞些什么突破，也没有什么特别亮丽和让人们惊叹的产品推出。可以讲品牌公司面对未来市场是相当稳健与保守的，所以没有轻易投什么大的资金去开发一些新的产品出来。从这一点看就说明，"传统"之中还是以谨慎和小心为主了。但值得注意的是在这么一个一直"自命清高""自抬身价""以我独尊"的小圈子、小众表展中，此次却一反常态地破格给九家独立制表师提供了一大部分展览空间，这一点的"立新"可以看出手表行业对猴年还是抱着一些希望的。其实过去SIHH也吸收过一两间有关系的、有江湖地位的独立制表师来参加这个表展做一些"点缀与装饰"。但此次破例有九家之多！由此看来"历史与传统"不得不接纳与包容"年轻与创新"，因为这几家只有不到十年历史的独立制表师，他们的作品在短短的几年间被市场认可与接受的程度，让瑞士手表制造业刮目相看！让那些有着悠久历史又流着"贵族"血统与不断以"奢华"面孔曝光的知名大品牌们也不得不低下了高贵的头！市场是现实与残酷的，无论历史多长久，不论血统多纯正，最后还是要看市场的销售旺不旺，产品卖得好不好。

过去的这两三年瑞士手表业出口下跌，亚洲市场萎缩已是不争的事实，并且今后的几年也将难以重回昔日的风光。但是我反而觉得这也并不是一件坏事！对真正喜爱手表、收藏手表的朋友来讲，猴年倒是一个机会之年。回故过去几年市场大起大落，尤其亚洲市场及中国市场从火爆走向冷却，从浮躁走向沉稳，从冲动走向理智，从奢华走向朴素，这也起到一种大浪淘沙的功能。行内的朋友讲，虽然一二千美元左右的手表竞争激烈，但再高档一些的六七千美元手表市场还是乐观的，并且现在很多国人买手表开始从功能、实用、制作、工艺上考虑，去购买的理智型消费者开始多了起来。虽然此次SIHH展会上亚洲面孔的买家、中国去的买家，比过往的展会人数明显地减少了，但并没有绝迹，而参加的还会参加，购买的还会购买，回归常态这是最好的正常现象。

前些天我参加了一个规模不小的"2016年投资展望"研讨会，主办方的几位财经专家分别对全球经济、亚洲经济、中国经济用统计数字做了回故总结，来论证与说明2016年的经济将会继续低迷！主讲的一个投资专家预计油价会再次跌到20美元以下，另一位博士级的首席经济分析师讲中国GDP很难做到政府承诺的6.5，他认为可能只会到4点左右！我听完之后虽然对上述专家提出的具体数字有着不同的看法，

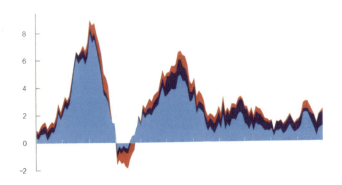

但整个研讨会上这几位专家给出的是相对悲观与保守的分析与预测，用他们的专业术语是增长低迷、通胀仍低、回报温和。其实这些高水平的专家们也只能给出这些属于外交辞令式的论点，对这些"低迷""温和"大家到底应该怎么面对，他们没讲，最后还是要靠自己的判断了。

由专家给出今年的油价的预测数字，使我联想到手表行业会不会也像油价由100美元一桶跌到现在的30美元左右一桶呢？也就是说，手表会不会也出现过去100万一块的手表，现在便宜到30万之内就买得到呢？我想，如果不是二手表，就根本不可能。当然过去也有过各个品牌、小众品牌出现过这种特别的情况，但几个大品牌、知名品牌却从来没有出现过这种"天上掉下个林妹妹"来的情况！猴年来临，手表厂商们在价格上做一些合理的调整是完全有可能的，手表的价格是根据品牌自身的知名度、制作工艺及所用的材料等等因素来考虑定价的合理性的。前些年有些手表品牌为了应对突然活跃的新兴市场定价过高，或供求不平衡被炒卖的价格过高，现在价格回落是必然的趋势！我过去就讲过，手表尤其是机械手表，知名品牌的、手工工艺的、复杂多功能的、特殊贵金属材料制作的机械手表只会越来越贵！还有那些独立制表师们的手表作品，随着他们的

名气越来越响，设计上独特新颖，产量上又稀少珍贵，价格肯定也会不断上涨。看看此次日内瓦SIHH的表展上的九个独立制表师的作品售价，就可以看出他们是真正的"独特"！独特到每一款手表都不便宜，随便一只入门的作品价格分分钟也都冲到十万美元以上了。回过来看，世界经济虽然低迷，手表市场也只会在销量上受到影响，而价格上是不会受到太大压力的！喜欢表的朋友还会喜欢，爱表的人还是会爱表，只是在本身事业上及传统投资行业挣钱难了，故此对买表的欲望受到一些影响而已！一旦碰到心仪的表，自己爱的表，那种想拥有的冲动还是会有的，在自己支付得起的前提下还是会出手买的。不是吗？前两天我就有个属猴的朋友用几十万人民币买了一块江诗丹顿〔Vacheron Constantin〕的金雕猴年手表，他讲："最近不买股票了，买块喜欢的手表戴了，哈哈！"其实做人真要这样，面对多变的今天，随遇而安，淡定自如，调整心态，乐观快乐，那猴年一定会过得多姿多彩。

再谈『物美价廉、平嘢有好』

Random Talks on Watch : A Sequel

两三年前我就谈到这个题目《"物美价廉"与手表》，近期看到家祥兄的文章《平嘢有好》真是呼应了我的观点！

两三年前我就谈到这个题目《"物美价廉"与手表》，近期看到家祥兄的文章《平嘢有好》真是呼应了我的观点！其实我对"物美价廉"在当今的信息网购的年代，会更加有"贴身"的体会。的确"平嘢有好"的这一观点应该在现实社会得到大多数人的共识！虽然"平与廉"是按不同的人群消费理念与消费层次来作为标准的，但无论怎样的"平与廉"对"好与美"，其标准对所有的消费者都应该是相同的、平等的，都应该是"吃得放心，用得安心，看得开心"！

就说手表这个戴在手腕上只有不到方寸大小的机械装置吧，价格从几百、几千元钱到几百万、几千万元钱都有，这是多少倍的巨大差距啊！而且我讲的是没有任何钻石珠宝的机械手表，能在价格上有如此大的区别，有时真是让那些不了解手表市场的人难以相信这是真实的事情！但事实又确实如此，并且是有价、有市、有厂家生产，有买家收藏。所以从手表的价格来讲，对不同的消费者都有不同的手表品牌和品种可以选购，但对广大消费者来讲，能买到又平又亮、物美价廉的手表这才是最让人关心的事。终究那些上百万甚至上千万一只的手表只是很少很少的小众猎物，和普通大众真没什么关系。

讲到这里让我想到几天前与朋友们吃饭，饭桌上大家闲聊到现在的"网购""淘宝"是多么方便多么便宜时，一位仁兄大叹一声："便宜没好货！"接着开始控诉他在网购上的不幸遭遇与上当受骗的故事，字字是"血"，句句是"泪"！从

而让我对"物美价廉"的观点又产生了一些"动摇"。无可争辩，"网上购物"从出现的第一天起就伴随着"伪劣假冒"产品一起成长起来的！对着这股很强的消费方式，中间夹杂着那些让人上当受骗的"没好货"，这也是不争的事实。的确上当受骗的人也不在少数，但这到底是不是正常的呢？可不可以杜绝呢？大家都知这"网购"的兴起其优点最关键是"方便和便宜"，足不出户应有尽有！但是在这"方便与便宜"之中就应该买到一些"伪劣假冒"的商品吗？最近看到新闻有个什么"阿巴集团"申请参加国际反假联盟（IACC）还没有一个月，就在几个国际知名品牌联合宣布要退出该联盟以表示抗议的压力下，又被该联盟除名了。这段新闻说明什么呢？其实很简单，就是真品牌不想和买假货的人"同桌聚餐"离席抗议，而主人家最后只好请卖假货的人退席。一边不给面子，另一边出尔反尔，才会出现这种尴尬的情况！

由此看来，无论什么商品，生产的厂家还是销售的商家，其实卖的都是厂家与商家的"良心"，这"良心"就是质量的"好与美"。无论买卖，都应该对大众消费者负责任！不能因为人家想"方便"，你就给人家"假冒商品"骗人家，更不能因为人家想买"便宜"货，你就给人家"伪劣品"坑人家！让人气愤的是，有个电商网购大老板还厚颜无耻地讲："我们也是假货的受害者！"这种颠倒是非黑白的辩解，更加暴露了这些网购电商们早已失去道德良知，完全不知羞耻！你要记住：你这个"受害者"是已经挣到了多少黑心的钱的"受害者"！而真正的受害者就是那些被你们欺骗而付出了金钱，又得不到"美与好"商品的广大消费者。

当然我们深信，只要这个社会还有道德，还有良知，还有是非黑白，那无论买卖什么商品，都会有"物美价廉，平嘢有好"的。因为我们每个人其实都是消费者，这是我们真心相信会有的，也是真心想要的！

喜欢就买还是实用才买？

Random Talks on Watch : A Sequel

人们对自己所使用的一切生活物品，都在随着时代的进步与发展而不断地追求完美、新鲜、亮丽、方便、实惠、安全、环保……

人们对自己所使用的一切生活物品，都在随着时代的进步与发展而不断地追求完美、新鲜、亮丽、方便、实惠、安全、环保……在这些前提下，我们作为一个消费者，面对着衣、食、住、行等一切需要购买的物品，是"喜欢就买，还是实用才买？"这一直是我们日常生活中常要遇到的一个问题。其实，这也是在探讨一个消费理念与消费态度的问题，这里没有什么"对与错"，也不是什么"是与非"的争论。因为每个人情况不一样，职业、背景、环境、身份、社交圈子、经济能力等各有不同，对物品喜欢也好，实用也好，都是仁者见仁，智者见

Random Talks on Watch : A Sequel

智。有的人会讲："我有钱我愿意怎么花钱是我的事！开心就行。"对！花钱开心就行，但别忘了同样也有花钱不开心的，买完用完不开心的！所以想与大家聊聊，能做个又开心又精明的消费者何乐而不为。

其实，碰到这个问题，也有人会讲："又喜欢又实用，又有钱就一定会买！"当然，这是最理想、最完美的消费状况了。但有时生活中并不完全是这样，买

的时候都是喜欢与实用的，但随着时间与空间的变化就会变得不喜欢不实用了。例如男士的领带和女士的手袋就会出现这两个需要面对的问题，男士们有十几条、几十条领带的人不少，但仔细观察平时经常戴的领带也就只有那几条而已，有些花色款式会过时，也会失去时尚感。女士的手袋就更夸张了，分分钟几十个，更有甚者能有上百个收藏的手袋，但是经常用上的手袋也只停留在平常大部分时间用的那几个。这就充分看出大多数男士女士的消费习惯，还是基本出自于喜欢就买，实用的经常会用的反而只有那几件。其实人对物品会"喜新厌旧"，就是"实用"的也会被"更实用"的取代，往往买的时候觉得喜欢与实用，回到家再拿出来看看就不那么喜欢了，也觉得没那么实用了，有的用过几次之后就不喜欢、不实用了，最后只能"收藏"起来，或打入"冷宫"，最后被遗忘了。

今天围绕着"喜欢就买，还是实用才买"谈谈手表，手表从奢侈品变

为日常生活用品本身是有一个过程的，这就是计时功能被人们广泛地使用，它本身的实用性与我们日常生活越来越分不开了！但到了今日今时手表的计时功能有些又被随身的手机替代了！手表的装饰功能、时尚功能、欣赏功能、趣味功能反而增加了，手表制造厂商也与时俱进看到市场和消费者的变化与需求，从而从上面提到的几个功能下手，在手表时间功能的基础上又增加了很多的功能，使手表不单看时间而且又是一块随身的艺术、装饰、文化、知识等等都可具备的多功能贴身物品，从而也增加使用者一些生活乐趣。对手表而言，我的这个题目中的"实用"似乎又有了更广泛的含义。但无论怎样，除收藏之外大多数的人还是本着"喜欢与实用功能"来考虑购买一块手表的。但是我认为，买手表只有这两点还是不够的，还有一个重要因素就是要买"适合"自己佩戴的手表。这之中就不单是喜欢与实用那么简单了。例如，你是一个从事运动与户外工作的人，或者是军人，那就不太适合戴清秀文静的绅士型手表，反而适合戴粗犷、动感的运动表或军表。再有，客观环境与场合也要考虑应该戴一些适合的手表。例如，今天要去运动，你却戴一块金表或镶满钻石的手表，那就绝对不太合适了！如果碰到隆重的晚宴，西服革履你又非要带块塑料电子手表，我也不能说不可以，只是这种场合又不太合适罢了。所以，买表不单要喜欢与实用，还要考虑适合自己戴，适合自己的职业戴，适合自己生活环境与生活圈子而戴。还有，适不适合，不单是手表的样式，款式和大小也有关系，并且机芯的最基本条件防水、防震、防磁都和在哪儿戴、适不适合你戴也有关系。并且，潮流也会主导"适合"的走向，现在就很少看到男女士戴小直径的手表了。由此看来，买手表一定要买适合自己戴的手表。

我就碰到这样一件事，有一次陪个朋友介绍的土豪友人去表店买表，看到一块伯爵（Plaget）超薄款的清秀男装表，但他非要买镶有不少钻石的那一款式。

当时我问他："你经常有隆重的晚宴要参加吗？"

他讲："没有啊！"

我就说："那这块镶钻石的表你戴的机会不太多，平时也不太合适戴！"

这位仁兄讲："没关系啊！这款式看着开心，显身份，我喜欢！"几十万港币就这么"开心与喜欢"地花出去了。但是没过两个月他就打电话给我，让我看看能不能帮忙给转手卖了？

在电话里他不断声明："我不是缺钱用！是戴上不太好看！"

我特意问他："是你自己觉得不好看，还是你老婆觉得不好看？"

他马上又讲："也不是不好看！是平时戴有点太'刺眼'了！"

我对他说："这种款式的手表就不是平时戴的，所以很难找到买家，就是有买家能出原价的40%~50%买已经不错了。"

他在电话里"哇！"的一声叫起来："我才戴了两三次，这不赔大了！"

我淡淡地对他说："那你就先收藏着，看以后有合适的机会再说吧！"

所以我常讲，手表不是喜欢就买，也不是有钱就买，实用也要看是否适合自己戴才买！

随着经济的发展，环保与绿色消费理念及精明的消费态度不断提升。我们购买任何物品应该是理智多过冲动、务实多过虚华、节俭多过浪费，尤其买手表一定要买适合自己戴的表，当然，你是手表收藏家以收藏为目的，那又另当别论了。

还是要戴机械手表

Random Talks on Watch : A Sequel

我没事的时候总喜欢逛逛书店，这是用来消磨时间的最有意义的方式，这和去图书馆看书可不一样，因为逛书店有些新书摊位或栏架上可以看到最新的市场上有些什么热销的新书……

我没事的时候总喜欢逛逛书店，这是用来消磨时间的最有意义的方式，这和去图书馆看书可不一样，因为逛书店有些新书摊位或栏架上可以看到最新的市场上有些什么热销的新书，因为看那些热销的新书可以了解现今社会在文化阅读方面的潮流与时尚，尤其销量高的热卖图书，更可以看到大众读者的兴趣所在与图书内容的走向。但对那些成功人士讲"做人的道理"的书，讲"如何创业发财"

235

的书，我已没什么兴趣了；对那些讲
"养身保健"，讲"怎么吃喝健康"
的书，我更不会浪费金钱与时间了，
因为我觉得讲什么或说教什么都比不
上平衡好自己的心态，快乐与开心地
过好每一天来得实在！但是，最近有
一本热销书却是因为我看到书名而引
起的兴趣与好奇，马上买了一本回家
慢慢细读。这本书的书名字叫《谢谢
你迟到了》（Thank You for Being
Late）。在我写的《手表杂谈》一
书中有一篇文章《表要准时，人要守
时》，这本书不是明明在和我唱反调
吗？"迟到"也变成了好事？我倒要
看看是什么论点得出这个让大多数人
不太喜欢的习惯，反而还被他"谢
谢"呢。

这本书是美国的一位资深的专栏作家汤马斯·佛里曼（Thomas L. Friedman）写的，在不断地深入阅读中我也开始同意与认可他的观点，并且也搞明白他为什么用这句话来作为书的名字！

　　简单地讲，他的观点是：当今世界已经是一个加速的时代，由于数码科技、互联网、大数据传输等等高科技的出现，让一切都变得快了起来！尤其近十年来（2007—2017），人们的生活和工作，由于全球化的来临，电脑流量的升级，通信速度的加快，传播方式的革新，让人们感觉到现在的生活与工作是如此的方便与快捷，这就是加速度的直接体现。这位作家还写过一本书《世界是平的》，而这新本书又告诉我们"世界是快的"！我引用书中的一段话，大家就会明白他的初衷与想法，汤马斯先生讲："在加速时代中，偶尔试着'暂停脚步'，审视帮助自己或他人的方法，可以找到新的定锚与航帆，若这么做使你稍有延迟也别担心。"

　　其实这和我常讲的一个观点有相似之处，我认为，人的一生中要不断学会"归零"！因为人本身无法掌控时间的快与慢，也无法改变时间的多与少，但你可以在有限的时间内

掌控你自己的生活内容与节奏！无论你的生活处在什么加速前进的潮流中，你自己完全可以停一停、静一静，慢半拍，用来自我思考一下、反省一下、冷静一下，甚至从零开始，重新再来，这都不是也不会浪费时间！而在当今的加速时代中，就是再准时的人也有搭不上巴士、坐不上飞机、赶不上庆祝朋友生日的时候！忙中有乱、快中出错也是经常会发生的事。所以，千万不要把别人的迟到视为浪费了你的时间，反而在别人迟到的时候，你自己可以用等人的时间来放松一下，来享受一下不被时间"催促"、不被时间"追赶"的片刻宁静！并对别人的"迟到"给予宽容与谅解；从一个全新的视角去看待"迟到"的人，于无心之中送给你自己多出的这些时间，哪怕几分钟十几分钟也是好的，从这个角度来讲你的确需要说一声谢谢！其实，这才是我们当前面对的加速时代在时间上应该有的一种新的观念、新的态度。

随着时代的高速发展，时间似乎变快了，空间也似乎变的平了。各种各样的高科技、人工智能、网上社交与新的通信媒体占用了你大部分时间，甚至你的整个生活。当你觉得时间不够用，又很难离开它们的时候，如果你对时间有了这种新观念与新态度，又能做好时间的主人，这将更加重要！这时有一块精准的机械手表戴在手上就相当必要了，因为戴着一块准时的机械手表，更能在数码科技、电子设备、人工智能左右你的生活与工作的同时，在时间方面增加你对自己的保护，这种保护是来自于原始的古老机械产生的可靠性、安全性。正好在写这篇文章的时候，全球有一百多个国家的

三十多万部电脑遭黑客植入的勒索病毒而停止运作。很多政府机构、私人公司，还有医院、机场等几乎停止运作！人们不敢动一下电脑键盘，有的甚至都不敢打开任何电脑，害怕里面储存的资料瞬间消失，甚至还有什么更不好的后果发生。仔细想想，这是一件多么无助与可怕的事情啊，我们完全依靠手机、电脑、智能设备来工作，同时又以里面的时间作为自己生活作息的依据，一旦出现错乱与误差，那将会产生多么严重的后果啊。

我就亲身碰到用手机看欧美的时间，因为夏令时间的变化手机没有自动及时地更改，让我早了一个钟头叫醒了大洋对岸熟睡的朋友。如果我用自己那块已调好的GMT机械手表看两地时间，就绝不会出现这种情况了。事情已经很清楚了，这些高科技、互联网、人工智能、数码云端给我们带来

很多方便，成为我们的依靠时，也同时为我们埋下危险、危害与危机。我一直认为，在当今的"加速时代"里，我们不但要与时俱进享受这些高科技带来的好处，对时间建立起一个新的观念态度，同时还需要保留一些"老式"的方法，更不能完全放弃一些"旧式"工具，来面对加速时代的"可能与万一"。所以我认为，有了电灯，蜡烛还是要预备；有了电脑，手写的记事本还是要有；有了脸书（Facebook），写信的习惯还是要保留；有了卫星导航（GPS），地图还是要准备几份；就是有了自动无人驾驶的汽车，你还是要有辆自行车预备着。为什么呢，我想道理很简单。

面对时间的确认，无论电子表、智能钟怎样精准，用手机、电脑看时间怎么方便，自己手上还是要戴一块机械手表。为什么呢，我想道理也很简单。

『归零』——手表与人生

Random Talks on Watch : A Sequel

前 一 段 时 间 在 网 上
看 到 一 篇 文 章 《 适 时 把
自 己 归 零 》 ！

前一段时间在网上看到一篇文章《适时把自己归零》！其实"归零"这个词我最早是从手表知识中听到的，它实际是机械手表上的一个技术的术语，尤其是有计时功能的手表，也就是我们通常讲的"计时码表"（Chronograph），都会有"归零"这个功能。对爱戴手表的人来讲手表有计时功能，最直接的用处是可以在自己运动的时候随时记录用了多少时间，也可以随时测测自己的脉搏和心跳。当然除了体育运动之外，在医疗保健、科学实验、测速测距时候，也随时可以用上这款有计时功能的手表来发挥作用。这之中的好处一是方便，二是精确，有些计时手表可以精确到1/8秒、1/10秒，有个法国品牌的手表

F.P.Journe甚至可以记录到1/100秒的精确程度！当然日常生活中是无须达到秒以内的精确度的。但方便就不同了，你可以不断地重复计时，随时可以再来一次，这也就是"归零"的功能在起作用了。当使用这个手表功能时，虽然只是手指在表的侧面轻轻地按动一下小小的按钮，但这微小的动作却给戴手表的人有着操控与掌握时间的感觉！那种启动、运行、停止、归零，到再起动、再运行、再停止、再归零，在这之中不断的重复，不断地从零开始，又不断地归零结束，那种人与表的互动过程是一种生机勃勃的真实体验。

"计时功能"从制表技术上讲也是属于复杂的机械结构，按钮有单按钮、双按钮、三按钮的区别，有些品牌还舍去按钮改用侧拨柄的方式来起动与停止，但无论用什么方式表盘的显示都大同小异，一般都是"三针三眼"，三针是时、分、秒三个大针，"三眼"即三个显示秒、分、时的小针盘，主要用于计时积累时间显示的。再复杂一点的计时手表就是双秒针计时表（Sapphire Crystal），又称双追针计时码表、飞返针计时码表（Rattraoante）。其中有一支针可以飞返归零，也可以不归零，随时停，随时再追上另一支秒针继续走，而且还可以分段计时。听说这种双追针、飞返计时的手表机芯制作难度和万年历（Perpetual Calendar）、陀飞轮（Tourbillion）机芯制造一样困难和复杂。现在也有些没有计时功能的手表，当你校对时间的时候，拔出表把时，秒针也会停止甚至自动归零，让你能更加精确地校对时间从新启动。手表装置中的归零功能从时间的角度上讲是一个重新开始的理念，因为"零点就是新的起点"。

其实不单手表有这种归零的启示，现在我们日常生活中最常用的手机、电脑如果出现"死机"的问题时，出现"不进不退""静止不动"的故障时，出现"乱码叠加"的毛病时，最有效的解决方法就是"断电"，就是"还原"，就是重新启动，这种断电、还原也就是"归零"式的重新开始。机械、电脑如此，而发明、操控他们的人如果在人生中出现这样逆境的局面、不好的问题、被动的状况时又将怎么办呢？手表的归零让我联想到人的一生，从出生到死亡，这中间的每一个人生阶段，也需要经常有一个归零的状态，一个重新开始、从头再来的新起点。

我们每个人都希望自己身体健康，希望事业一帆风顺，希望家庭的亲人们幸福快乐！但希望归希望，而现实生活中会有很多不尽人意的地方，会有不少缺失和不顺心、不如意的事情发生。先不讲人生中的大风浪、大挫折、大失败，就是小的困难、小的不完美、小的不开心的事也是经常在日常生活中出现的，怎样去面对呢？这就是我们所说到的要学会"归零"。有的人很简单：回家洗个澡，睡个觉，

第二天就没事了。这其实就是最简单的"归零"表现，当然，这要性格开朗，能做到拿得起放得下。碰到好的、顺利的、开心的事，高兴之后，欢乐之后，庆祝完之后，其实也需要有个"归零"，冷静下来，不骄不傲，重新再来！

其实人无论碰到什么事情，好与坏、喜与悲、得与失，都要学会不断地调整自己的心态，学会平衡自己的心境，这与每天校对一下手表的时间，从哲理上讲是很相似的。当然人生中的"归零"表现形式会有很多不同，因为人和人是有区别的，性格、经历、年龄都会对归零有着不一样的方式。

但无论怎样"归零"都应该是积极的、向前的、正面的，尤其面对着悲观的、痛苦的、失望的局面的朋友，更应该学会"归零"，更需要"归零"！因为只有"归零"才有可能、有机会"从头再来""重新开始"！有些人用皈依佛门脱离红尘追求禅思来改变人生哲理，有些人隐居乡间告别繁市返璞归真来改变生活方式，这些都是一种"归零"，借此来开启一个新的人生与新的生活。当然，去放个大假充"电"，去泡个热水澡放"松"，去爬山、健身、打球、看电影、听音乐等等，这些都是一种"归零"的方式。面对困难、面对逆境、面对失败的人，中国文化给我们留下很多"归零"的告诫："野火烧不尽、春风吹又生""留得青山在，不怕没柴烧""柳暗花明又一村""天无绝人之路""三十年河东，三十年河西"等等，都是讲只要会"归零"，都会有希

望、有明天、有前途，只要学会人生的"归零"，就会"东山再起"，就会"卷土重来"！讲了这么多成语其实就是一句话：永不言败，从零开始。

人活在世上，无论你是有信仰的佛家弟子，还是我们这些凡夫俗子，其实都需要"懂得放下，学会舍得"！这种"放下"和"舍得"，其实也就是"归零"。而这种归零能让你博爱而不仇恨，心清而不迷茫，轻松而不烦恼，灵活而不顽固，开朗而不困惑，知足而不贪婪！当你有了这种"归零"的心态时，你就一定会有一种"放下"与"舍得"的人生境界了。